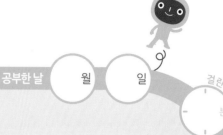 

교과서 수의 범위와 어림하기

1 이상과 이하

공부한 날 월 일

- ■ 이상인 수: ■와 같거나 큰 수
  예 45 이상인 수: 45, 45.2, 60 등과 같이 45와 같거나 큰 수

- ▲ 이하인 수: ▲와 같거나 작은 수
  예 37 이하인 수: 37, 36.8, 30 등과 같이 37과 같거나 작은 수

■ 이상인 수와 ▲ 이하인 수에는 ■와 ▲가 포함돼요.

1~8 수의 범위에 알맞은 수를 모두 찾아 ○표 하시오.

1 16 이상인 수

13, 16, 11, 22, 18, 50

2 21 이상인 수

26, 20, 21, 30, 17, 13

3 40 이상인 수

25, 42, 54, 40, 7, 39

4 85 이상인 수

85, 78, 52, 91, 67, 33

5 25 이하인 수

14, 25, 27, 39, 6, 41

6 39 이하인 수

39, 40, 31, 22, 52, 8

7 67 이하인 수

45, 70, 67, 77, 91, 53

8 90 이하인 수

75, 90, 92, 88, 98, 69

9 14 이상인 수

19.2, 12.8, 10, 14, 11.7, 28

(   )

14 11 이하인 수

11, 18, 9.6, 15.4, 23, 6

(   )

10 27 이상인 수

27, 30.2, 19, 55.6, 18, 17

(   )

15 31 이하인 수

31, 29.5, 44, 57, 30.8, 16

(   )

11 59 이상인 수

59, 36.7, 73, 91, 88, 58.8

(   )

16 52 이하인 수

55, 52, 84, 48, 53, 50.7

(   )

12 72 이상인 수

62, 75.6, 71.6, 72, 35.8, 30

(   )

17 64 이하인 수

62, 70, 63.9, 67.2, 68, 64

(   )

13 181 이상인 수

180, 181, 179.5, 190, 144

(   )

18 190 이하인 수

185, 190, 190.7, 177.3, 196

(   )

19~26 수의 범위에 알맞은 수를 모두 찾아 쓰시오.

19
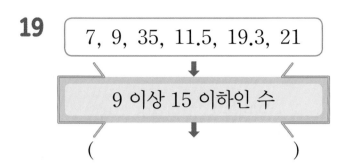
7, 9, 35, 11.5, 19.3, 21

9 이상 15 이하인 수

(   )

23
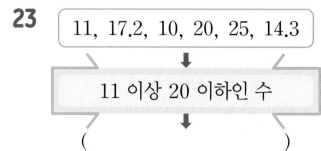
11, 17.2, 10, 20, 25, 14.3

11 이상 20 이하인 수

(   )

20
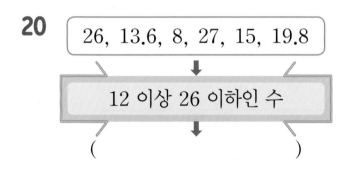
26, 13.6, 8, 27, 15, 19.8

12 이상 26 이하인 수

(   )

24
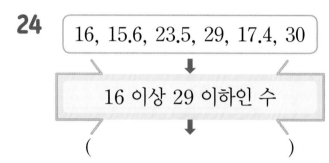
16, 15.6, 23.5, 29, 17.4, 30

16 이상 29 이하인 수

(   )

21
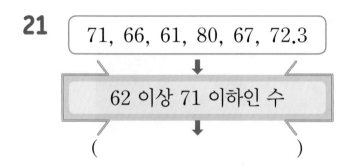
71, 66, 61, 80, 67, 72.3

62 이상 71 이하인 수

(   )

25
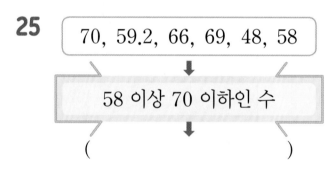
70, 59.2, 66, 69, 48, 58

58 이상 70 이하인 수

(   )

22
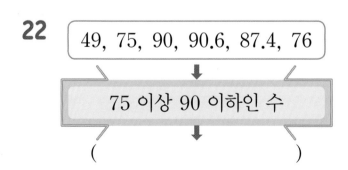
49, 75, 90, 90.6, 87.4, 76

75 이상 90 이하인 수

(   )

26
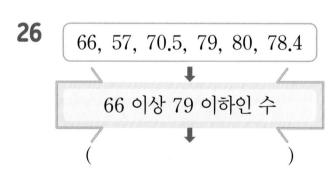
66, 57, 70.5, 79, 80, 78.4

66 이상 79 이하인 수

(   )

맛있는 요리법

경미는 어머니와 함께 제육볶음을 만들려고 합니다. 다음 요리법을 보고 만들어 보세요.

제육볶음 만들기

〈재료(2인분 기준)〉

돼지고기 200 g, 양파, 청양고추, 대파, 당근, 청주, 소금, 후춧가루, 식용유, 참기름, 양념 재료(고추장, 고춧가루, 진간장, 설탕, 마늘, 깨) 등

〈만드는 법〉

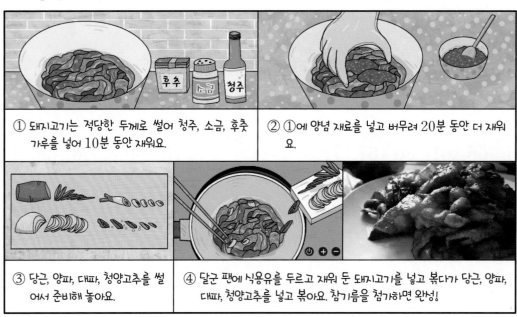

① 돼지고기는 적당한 두께로 썰어 청주, 소금, 후춧가루를 넣어 10분 동안 재워요.

② ①에 양념 재료를 넣고 버무려 20분 동안 더 재워요.

③ 당근, 양파, 대파, 청양고추를 썰어서 준비해 놓아요.

④ 달군 팬에 식용유를 두르고 재워 둔 돼지고기를 넣고 볶다가 당근, 양파, 대파, 청양고추를 넣고 볶아요. 참기름을 첨가하면 완성!

〈영양 성분(2인분 기준)〉

나트륨	단백질	비타민 B1	비타민 B2	비타민 B6	지질	식이섬유	당질
2887 mg	42.3 g	2.21 mg	1.03 mg	2.6 mg	71.29 g	25.8 g	53.6 g

위 제육볶음의 영양 성분 중 25 g 이상 45 g 이하가 들어 있는 영양 성분을 모두 찾아 쓰시오.

풀 이

답

교과서 수의 범위와 어림하기

❷ 초과와 미만

공부한 날 월 일

- ✔ ★ 초과인 수: ★보다 큰 수
  - 예 29 초과인 수: 29.1, 30, 32.5 등과 같이 29보다 큰 수

- ✔ ◆ 미만인 수: ◆보다 작은 수
  - 예 37 미만인 수: 36.5, 36, 34.5 등과 같이 37보다 작은 수

> ★ 초과인 수와 ◆ 미만인 수에는 ★과 ◆가 포함되지 않아요.

1~8 수의 범위에 알맞은 수를 모두 찾아 ○표 하시오.

1 17 초과인 수

17, 15, 20, 32, 9, 12

5 19 미만인 수

11, 19, 21, 8, 15, 25

2 26 초과인 수

20, 25, 30, 26, 29, 41

6 24 미만인 수

24, 23, 25, 32, 16, 7

3 40 초과인 수

42, 40, 65, 39, 27, 58

7 36 미만인 수

30, 37, 48, 11, 56, 28

4 65 초과인 수

66, 65, 68, 44, 87, 72

8 75 미만인 수

76, 73, 61, 88, 47, 39

9~18 수의 범위에 알맞은 수를 모두 찾아 쓰시오.

9 15 초과인 수

8, 15, 16.2, 23, 18, 14.9

(   )

14 14 미만인 수

11, 14.2, 8, 14, 16, 13

(   )

10 22 초과인 수

23.8, 19.5, 22, 32, 16, 30

(   )

15 26 미만인 수

23, 26, 15, 30, 26.4, 7

(   )

11 38 초과인 수

20, 39.2, 42, 34, 38.4, 38

(   )

16 40 미만인 수

32.6, 40, 48, 50, 22, 41

(   )

12 55 초과인 수

41, 54, 55.2, 55, 58.8, 57

(   )

17 52 미만인 수

48, 53, 52, 57, 47.9, 50

(   )

13 160 초과인 수

158, 162.3, 159, 160, 178

(   )

18 172 미만인 수

172, 168, 171.9, 172.8, 144

(   )

19~26 수의 범위에 알맞은 수를 모두 찾아 쓰시오.

19
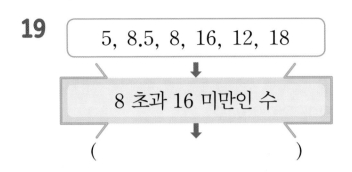
5, 8.5, 8, 16, 12, 18

↓

8 초과 16 미만인 수

↓

(   )

23
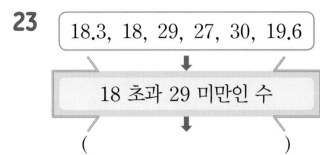
18.3, 18, 29, 27, 30, 19.6

↓

18 초과 29 미만인 수

↓

(   )

20
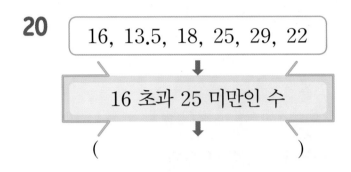
16, 13.5, 18, 25, 29, 22

↓

16 초과 25 미만인 수

↓

(   )

24
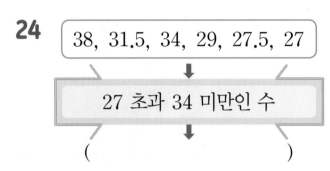
38, 31.5, 34, 29, 27.5, 27

↓

27 초과 34 미만인 수

↓

(   )

21
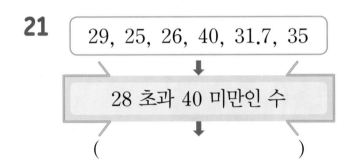
29, 25, 26, 40, 31.7, 35

↓

28 초과 40 미만인 수

↓

(   )

25
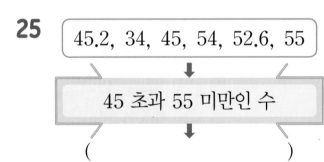
45.2, 34, 45, 54, 52.6, 55

↓

45 초과 55 미만인 수

↓

(   )

22
38, 35, 53, 52.9, 53.6, 34

↓

37 초과 53 미만인 수

↓

(   )

26
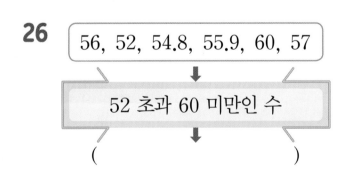
56, 52, 54.8, 55.9, 60, 57

↓

52 초과 60 미만인 수

↓

(   )

다른 그림 찾기

아래 사진에서 위 사진과 다른 부분 5군데를 모두 찾아 ○표 하시오.

교과서 수의 범위와 어림하기

3 이상, 이하, 초과, 미만

공부한 날   월   일

걸린 시간   분

✔ ◆ 이상 ▲ 미만인 수: ◆와 같거나 크고 ▲보다 작은 수
  예 19 이상 28 미만인 수: 19, 22, 27.8 등과 같이 19와 같거나 크고 28보다 작은 수

✔ ◉ 초과 ■ 이하인 수: ◉보다 크고 ■와 같거나 작은 수
  예 22 초과 30 이하인 수: 23, 28.5, 30 등과 같이 22보다 크고 30과 같거나 작은 수

1~8 수의 범위에 알맞은 수를 모두 찾아 ○표 하시오.

1 7 이상 15 미만인 수

12, 7, 5, 26, 14, 15

5 8 초과 14 이하인 수

8, 11, 7, 14, 19, 16

2 13 이상 20 미만인 수

13, 11, 20, 12, 19, 23

6 11 초과 23 이하인 수

22, 23, 10, 17, 25, 11

3 24 이상 35 미만인 수

31, 24, 28, 35, 39, 38

7 40 초과 50 이하인 수

40, 43, 48, 51, 50, 46

4 45 이상 58 미만인 수

47, 45, 59, 58, 55, 60

8 56 초과 65 이하인 수

56, 54, 65, 63, 67, 58

점선을 따라 자르세요

9 16 이상 28 미만인 수

15.2, 16, 22, 29, 28, 19.3

(   )

14 14 초과 22 이하인 수

16, 14, 17.5, 22, 26, 15

(   )

10 30 이상 38 미만인 수

29.5, 30, 39, 32.5, 38, 34

(   )

15 29 초과 34 이하인 수

33.5, 34, 28.7, 29, 31, 25

(   )

11 53 이상 59 미만인 수

53, 47, 52, 59, 58.4, 55

(   )

16 36 초과 42 이하인 수

37, 36, 41.8, 44, 42, 31

(   )

12 60 이상 69 미만인 수

52, 60, 69, 61.5, 66.8, 64

(   )

17 48 초과 55 이하인 수

49, 48, 45, 54.3, 55, 56

(   )

13 173 이상 181 미만인 수

170, 173.2, 178, 181, 179.5

(   )

18 163 초과 172 이하인 수

170, 172, 163, 163.7, 168

(   )

19~26 수의 범위에 알맞은 수를 모두 구하시오.

19
9 이상 13 이하인 자연수

20
22 이상 29 이하인 자연수

21
56 이상 61 미만인 자연수

22
78 이상 84 미만인 자연수

23
15 초과 18 미만인 자연수

24
26 초과 34 미만인 자연수

25
68 초과 73 이하인 자연수

26
89 초과 92 이하인 자연수

길 찾기

민아가 고모 댁에 가려고 합니다. 갈림길 문제의 답을 따라가면 고모 댁에 도착할 수 있습니다. 민아네 고모 댁을 찾아 번호를 쓰시오.

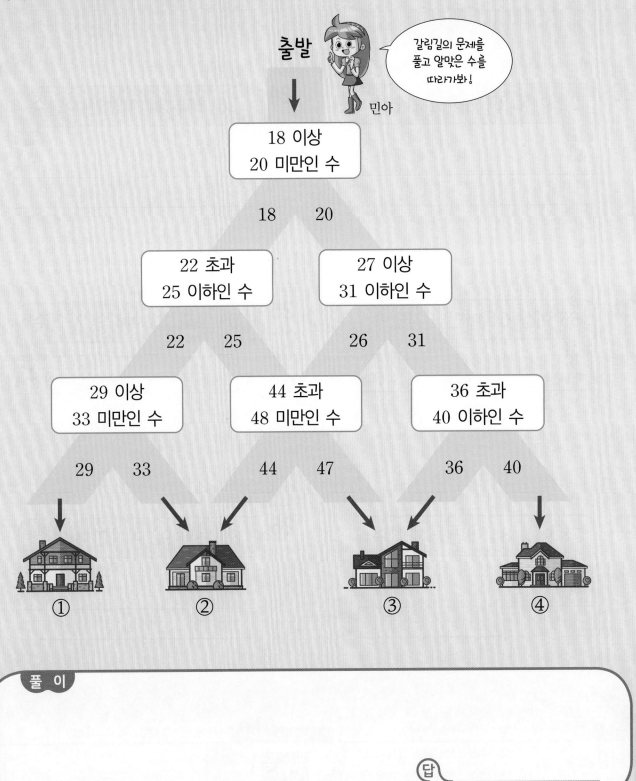

출발

갈림길의 문제를 풀고 알맞은 수를 따라가봐!

민아

18 이상
20 미만인 수

18   20

22 초과
25 이하인 수

27 이상
31 이하인 수

22   25   26   31

29 이상
33 미만인 수

44 초과
48 미만인 수

36 초과
40 이하인 수

29   33   44   47   36   40

①   ②   ③   ④

풀 이

답 _____

교과서 수의 범위와 어림하기

4 올림 (1)

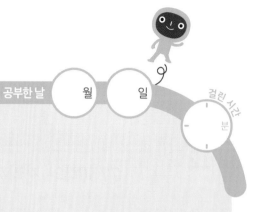

공부한날   월   일

✔️ 올림: 구하려는 자리 아래 수를 올려서 나타내는 방법

예 168을 올림하여 십의 자리까지 나타내면 168 ➡ 170입니다.
　　　　　　　　　　　　　　　　올림

　168을 올림하여 백의 자리까지 나타내면 168 ➡ 200입니다.
　　　　　　　　　　　　　　　　　올림

1~10 수를 올림하여 주어진 자리까지 나타내시오.

1　352(십의 자리까지)

(　　　　　　　)

2　851(백의 자리까지)

(　　　　　　　)

3　1428(십의 자리까지)

(　　　　　　　)

4　2167(백의 자리까지)

(　　　　　　　)

5　5980(천의 자리까지)

(　　　　　　　)

6　27543(백의 자리까지)

(　　　　　　　)

7　18621(천의 자리까지)

(　　　　　　　)

8　71220(만의 자리까지)

(　　　　　　　)

9　8.25(일의 자리까지)

(　　　　　　　)

10　9.47(소수 첫째 자리까지)

(　　　　　　　)

11~24 수를 올림하여 주어진 자리까지 나타내시오.

11
485(십의 자리까지)

(   )

12
775(백의 자리까지)

(   )

13
624(십의 자리까지)

(   )

14
1964(십의 자리까지)

(   )

15
4154(백의 자리까지)

(   )

16
5236(백의 자리까지)

(   )

17
8410(천의 자리까지)

(   )

18
51206(십의 자리까지)

(   )

19
25421(백의 자리까지)

(   )

20
46347(천의 자리까지)

(   )

21
75964(만의 자리까지)

(   )

22
2.13(일의 자리까지)

(   )

23
4.162(소수 첫째 자리까지)

(   )

24
7.509(소수 둘째 자리까지)

(   )

25

십의 자리까지

689

26

백의 자리까지

512

27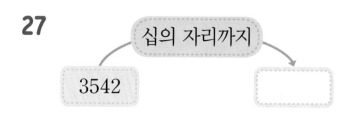

십의 자리까지

3542

28

백의 자리까지

4087

29

천의 자리까지

2264

30

12985 → 십의 자리까지 →

31

55649 → 천의 자리까지 →

32

68954 → 만의 자리까지 →

33

4.28 → 일의 자리까지 →

34

6.375 → 소수 첫째 자리까지 →

규칙 찾기

화살표의 규칙에 따라 빈 곳에 알맞은 수를 써넣으시오.

화살표 규칙			
→	올림하여 십의 자리까지 나타내기	←	올림하여 백의 자리까지 나타내기
↑	올림하여 천의 자리까지 나타내기	↓	올림하여 만의 자리까지 나타내기
┅➤	올림하여 만의 자리까지 나타내기	⬅┅	올림하여 천의 자리까지 나타내기
⇡	올림하여 백의 자리까지 나타내기	⇣	올림하여 십의 자리까지 나타내기

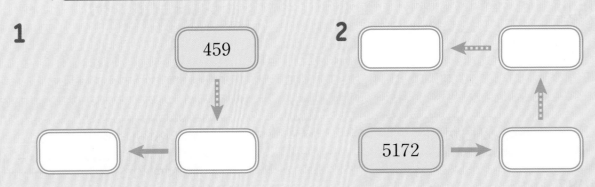

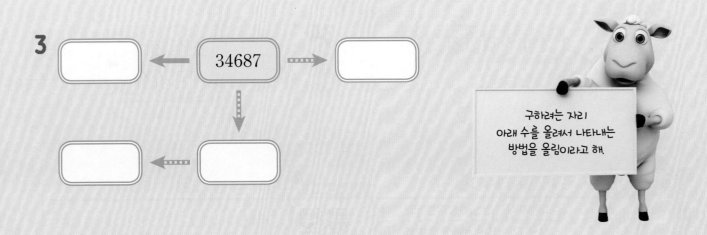

구하려는 자리 아래 수를 올려서 나타내는 방법을 올림이라고 해.

교과서 수의 범위와 어림하기

5 올림 (2)

공부한 날   월   일   걸린 시간   분

예 2145를 올림하여 백의 자리까지 나타내면

2145 ➡ 2200입니다.
올림

2145를 올림하여 천의 자리까지 나타내면

2145 ➡ 3000입니다.
올림

구하려는 자리 아래 수를 올려서 나타내는 방법을 올림이라고 해요.

1~10 수를 올림하여 주어진 자리까지 나타내시오.

1 278(십의 자리까지)

(   )

2 644(백의 자리까지)

(   )

3 2103(십의 자리까지)

(   )

4 3596(백의 자리까지)

(   )

5 7542(천의 자리까지)

(   )

6 80163(십의 자리까지)

(   )

7 49210(천의 자리까지)

(   )

8 12855(만의 자리까지)

(   )

9 3.83(소수 첫째 자리까지)

(   )

10 9.235(소수 둘째 자리까지)

(   )

11~24 수를 올림하여 주어진 자리까지 나타내시오.

11
751(십의 자리까지)

(   )

12
854(백의 자리까지)

(   )

13
730(백의 자리까지)

(   )

14
1215(십의 자리까지)

(   )

15
3484(백의 자리까지)

(   )

16
4595(백의 자리까지)

(   )

17
6524(천의 자리까지)

(   )

18
63301(십의 자리까지)

(   )

19
39452(백의 자리까지)

(   )

20
48752(천의 자리까지)

(   )

21
23145(만의 자리까지)

(   )

22
1.362(일의 자리까지)

(   )

23
4.89(소수 첫째 자리까지)

(   )

24
8.561(소수 둘째 자리까지)

(   )

25

수	십의 자리까지	백의 자리까지
469		

30

수	십의 자리까지	백의 자리까지
21054		

26

수	십의 자리까지	백의 자리까지
837		

31

수	백의 자리까지	천의 자리까지
63475		

27

수	십의 자리까지	백의 자리까지
1257		

32

수	천의 자리까지	만의 자리까지
85412		

28

수	백의 자리까지	천의 자리까지
3694		

33

수	일의 자리까지	소수 첫째 자리까지
7.13		

29

수	십의 자리까지	천의 자리까지
4166		

34

수	소수 첫째 자리까지	소수 둘째 자리까지
8.567		

숨은 그림 찾기

쏙셈 10권 **5일** - 4

다음 그림에서 숨은 그림 5개를 모두 찾아 ○표 하시오.

마우스, 당근, 고추, 조개, 망치

정답

교과서 수의 범위와 어림하기

6 버림 (1)

공부한 날 월 일

✔️ 버림: 구하려는 자리 아래 수를 버려서 나타내는 방법

예 236을 버림하여 십의 자리까지 나타내면 23̲6̲ ➡ 230입니다.
　　　　　　　　　　　　　　　　　　　버림

　236을 버림하여 백의 자리까지 나타내면 2̲3̲6̲ ➡ 200입니다.
　　　　　　　　　　　　　　　　　　　버림

1~10 수를 버림하여 주어진 자리까지 나타내시오.

1　257(십의 자리까지)

（　　　　　　　　）

2　432(백의 자리까지)

（　　　　　　　　）

3　2687(십의 자리까지)

（　　　　　　　　）

4　3743(백의 자리까지)

（　　　　　　　　）

5　9792(천의 자리까지)

（　　　　　　　　）

6　27248(백의 자리까지)

（　　　　　　　　）

7　65893(천의 자리까지)

（　　　　　　　　）

8　23540(만의 자리까지)

（　　　　　　　　）

9　4.37(일의 자리까지)

（　　　　　　　　）

10　8.715(소수 둘째 자리까지)

（　　　　　　　　）

11~24 수를 버림하여 주어진 자리까지 나타내시오.

11
322(십의 자리까지)

(   )

12
713(백의 자리까지)

(   )

13
985(십의 자리까지)

(   )

14
1753(십의 자리까지)

(   )

15
2796(백의 자리까지)

(   )

16
4681(백의 자리까지)

(   )

17
6124(천의 자리까지)

(   )

18
47842(십의 자리까지)

(   )

19
16954(백의 자리까지)

(   )

20
56210(천의 자리까지)

(   )

21
89436(만의 자리까지)

(   )

22
3.68(일의 자리까지)

(   )

23
2.71(소수 첫째 자리까지)

(   )

24
5.248(소수 둘째 자리까지)

(   )

25~34 수를 버림하여 빈 곳에 써넣으시오.

25

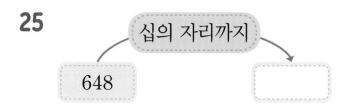

십의 자리까지

648 →

30

15478 → 십의 자리까지 →

26

백의 자리까지

115 →

31

76945 → 천의 자리까지 →

27

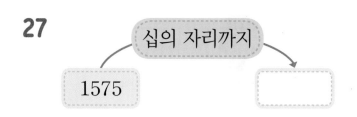

십의 자리까지

1575 →

32

52412 → 만의 자리까지 →

28

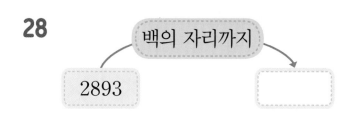

백의 자리까지

2893 →

33

7.125 → 소수 첫째 자리까지 →

29

천의 자리까지

8126 →

34

6.932 → 소수 둘째 자리까지 →

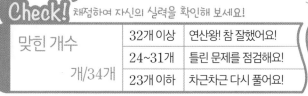

빙고 놀이

석민이와 진숙이가 빙고 놀이를 하고 있습니다. 빙고 놀이에서 이기는 사람의 이름을 쓰시오.

<빙고 놀이 방법>

1. 가로, 세로 5칸인 놀이판에 186부터 210까지의 자연수를 자유롭게 적은 다음 서로 번갈아 가며 수를 말합니다.
2. 자신과 상대방이 말하는 수에 ✕표 합니다.
3. 가로, 세로, 대각선 중 한 줄에 있는 5개의 수에 모두 ✕표 한 경우 '빙고'를 외칩니다.
4. 먼저 '빙고'를 외치는 사람이 이깁니다.

석민

진숙

석민이의 놀이판

186	205	194	202	193
199	✕	210	200	✕
✕	✕	195	✕	✕
187	204	197	198	✕
207	209	190	192	208

진숙이의 놀이판

186	198	195	207	✕
190	✕	200	✕	✕
187	194	210	193	✕
202	✕	209	204	199
✕	192	205	208	197

풀이

답 _____

교과서 수의 범위와 어림하기

7 버림 (2)

예 1584를 버림하여 백의 자리까지 나타내면

1584 ➡ 1500입니다.
버림

1584를 버림하여 천의 자리까지 나타내면

1584 ➡ 1000입니다.
버림

구하려는 자리 아래 수를 버려서 나타내는 방법을 버림이라고 해요.

1~10 수를 버림하여 주어진 자리까지 나타내시오.

1 752(백의 자리까지)

(   )

2 1521(십의 자리까지)

(   )

3 3694(백의 자리까지)

(   )

4 6478(천의 자리까지)

(   )

5 26941(십의 자리까지)

(   )

6 57820(천의 자리까지)

(   )

7 49135(만의 자리까지)

(   )

8 7.62(일의 자리까지)

(   )

9 6.05(소수 첫째 자리까지)

(   )

10 2.157(소수 둘째 자리까지)

(   )

11~24 수를 버림하여 주어진 자리까지 나타내시오.

11
294(십의 자리까지)

( )

12
943(백의 자리까지)

( )

13
576(십의 자리까지)

( )

14
135(백의 자리까지)

( )

15
3419(십의 자리까지)

( )

16
9738(백의 자리까지)

( )

17
4510(천의 자리까지)

( )

18
37850(십의 자리까지)

( )

19
64263(백의 자리까지)

( )

20
91452(천의 자리까지)

( )

21
81021(만의 자리까지)

( )

22
9.17(일의 자리까지)

( )

23
2.781(소수 첫째 자리까지)

( )

24
6.339(소수 둘째 자리까지)

( )

25~34 수를 버림하여 빈 곳에 써넣으시오.

25

수	십의 자리까지	백의 자리까지
795		

30

수	십의 자리까지	백의 자리까지
13415		

26

수	십의 자리까지	백의 자리까지
804		

31

수	백의 자리까지	천의 자리까지
37650		

27

수	십의 자리까지	백의 자리까지
2941		

32

수	천의 자리까지	만의 자리까지
91527		

28

수	백의 자리까지	천의 자리까지
3652		

33

수	일의 자리까지	소수 첫째 자리까지
6.91		

29

수	십의 자리까지	천의 자리까지
7264		

34

수	소수 첫째 자리까지	소수 둘째 자리까지
7.848		

미로 찾기

찬호네 축구팀은 우승을 향해 경기를 하고 있습니다. 우승하는 길을 찾아 선으로 이어 보시오.

교과서 수의 범위와 어림하기

8 반올림 (1)

공부한 날 월 일

걸린 시간 분

✔ 반올림: 구하려는 자리의 바로 아래 자리의 숫자가 0, 1, 2, 3, 4이면 버리고, 5, 6, 7, 8, 9이면 올리는 방법

예 827을 반올림하여 십의 자리까지 나타내면 827 ➡ 830입니다.
7이므로 올림

827을 반올림하여 백의 자리까지 나타내면 827 ➡ 800입니다.
2이므로 버림

1~10 수를 반올림하여 주어진 자리까지 나타내시오.

1 257(십의 자리까지)

(   )

2 324(백의 자리까지)

(   )

3 6421(십의 자리까지)

(   )

4 3461(백의 자리까지)

(   )

5 7529(천의 자리까지)

(   )

6 12870(백의 자리까지)

(   )

7 27248(천의 자리까지)

(   )

8 88110(만의 자리까지)

(   )

9 6.215(소수 둘째 자리까지)

(   )

10 7.837(소수 첫째 자리까지)

(   )

11

264(십의 자리까지)

(   )

12

405(백의 자리까지)

(   )

13

378(십의 자리까지)

(   )

14

663(백의 자리까지)

(   )

15

2571(십의 자리까지)

(   )

16

3394(백의 자리까지)

(   )

17

8754(천의 자리까지)

(   )

18

21580(십의 자리까지)

(   )

19

19273(백의 자리까지)

(   )

20

65145(천의 자리까지)

(   )

21

78932(만의 자리까지)

(   )

22

4.21(일의 자리까지)

(   )

23

2.98(소수 첫째 자리까지)

(   )

24

7.592(소수 둘째 자리까지)

(   )

25~34 수를 반올림하여 빈칸에 써넣으시오.

25 621 → 십의 자리까지 → ☐

26 793 → 백의 자리까지 → ☐

27 2129 → 십의 자리까지 → ☐

28 1965 → 백의 자리까지 → ☐

29 7364 → 천의 자리까지 → ☐

30 20145 → 백의 자리까지 → ☐

31 63792 → 천의 자리까지 → ☐

32 36438 → 만의 자리까지 → ☐

33 9.51 → 일의 자리까지 → ☐

34 5.643 → 소수 첫째 자리까지 → ☐

실력 Check! 채점하여 자신의 실력을 확인해 보세요!

맞힌 개수	32개 이상	연산왕! 참 잘했어요!
	24~31개	틀린 문제를 점검해요!
개/34개	23개 이하	차근차근 다시 풀어요!

엄마의 확인 Note 칭찬할 점과 주의할 점을 써주세요!

정답확인

칭찬	
주의	

도둑은 누구일까요?

어느 날 한 저택에 도둑이 들어 저택에서 가장 비싼 보석을 훔쳐 갔습니다. 사건 단서 ①, ②, ③의 수에 해당하는 글자를 사건 단서 해독표에서 찾아 차례로 쓰면 도둑의 이름을 알 수 있습니다. 주어진 단서를 가지고 도둑의 이름을 알아보시오.

사건 단서 ①
5497을 반올림
하여 십의 자리
까지 나타낸 수

사건 단서 ②
5623을 반올림하여
십의 자리까지
나타낸 수

사건 단서 ③
5580을 반올림
하여 백의 자리
까지 나타낸 수

사건 현장의 단서를 찾은 다음 오른쪽의 사건 단서 해독표를 이용하여 범인의 이름을 알아봐요!

<사건 단서 해독표>

강	5480	정	5530	김	5640
박	5500	경	5700	윤	5400
이	5490	혜	5580	준	5630
민	5520	수	5600	혁	5620

①　②　③

도둑의 이름은 바로 ☐☐☐ 입니다.

풀 이

답 _____

교과서 수의 범위와 어림하기

9 반올림 (2)

공부한 날   월   일

걸린 시간   분

예 3762를 반올림하여 십의 자리까지 나타내면

3762 ➡ 3760입니다.
2이므로 버림

3762를 반올림하여 백의 자리까지 나타내면

3762 ➡ 3800입니다.
6이므로 올림

구하려는 자리의 바로 아래 자리의 숫자가 0, 1, 2, 3, 4이면 버리고, 5, 6, 7, 8, 9이면 올리는 방법을 반올림이라고 해요.

1~10 수를 반올림하여 주어진 자리까지 나타내시오.

1 369(십의 자리까지)

(   )

2 184(백의 자리까지)

(   )

3 2654(십의 자리까지)

(   )

4 1860(백의 자리까지)

(   )

5 16955(십의 자리까지)

(   )

6 63120(천의 자리까지)

(   )

7 93542(만의 자리까지)

(   )

8 3.026(일의 자리까지)

(   )

9 4.22(소수 첫째 자리까지)

(   )

10 3.157(소수 둘째 자리까지)

(   )

11 458(십의 자리까지)

(   )

12 910(백의 자리까지)

(   )

13 612(십의 자리까지)

(   )

14 2984(십의 자리까지)

(   )

15 3012(백의 자리까지)

(   )

16 8753(백의 자리까지)

(   )

17 5721(천의 자리까지)

(   )

18 45213(십의 자리까지)

(   )

19 17895(백의 자리까지)

(   )

20 64337(천의 자리까지)

(   )

21 28052(만의 자리까지)

(   )

22 6.678(일의 자리까지)

(   )

23 4.156(소수 첫째 자리까지)

(   )

24 7.306(소수 둘째 자리까지)

(   )

25~34 수를 반올림하여 빈칸에 써넣으시오.

25

수	십의 자리까지	백의 자리까지
739		

26

수	십의 자리까지	백의 자리까지
462		

27

수	십의 자리까지	백의 자리까지
1570		

28

수	백의 자리까지	천의 자리까지
3592		

29

수	십의 자리까지	천의 자리까지
9327		

30

수	십의 자리까지	백의 자리까지
35418		

31

수	백의 자리까지	천의 자리까지
65792		

32

수	천의 자리까지	만의 자리까지
44952		

33

수	일의 자리까지	소수 첫째 자리까지
7.06		

34

수	소수 첫째 자리까지	소수 둘째 자리까지
8.163		

다양한 문화가 공존하는 나라, 인도

교과서 수의 범위와 어림하기

단원 마무리 연산!

여러 가지 연산 문제로 단원을 마무리하여 연산왕에 도전해 보세요.

공부한 날   월   일   걸린 시간   분

1~8 수의 범위에 알맞은 수를 모두 찾아 쓰시오.

1 12 이상인 수

11, 12, 12.9, 10, 16.8, 8.3

(   )

2 37 이상인 수

37, 38.1, 29, 40, 32, 39.4

(   )

3 45 이하인 수

43, 24.7, 45, 48, 46, 31

(   )

4 22 이하인 수

21, 22, 23.2, 19, 24, 17.8

(   )

5 63 초과인 수

66, 63, 61, 80, 55.9, 72

(   )

6 52 초과인 수

52, 50, 53.5, 47, 61, 70.2

(   )

7 39 미만인 수

39, 24, 38.6, 40, 11, 48

(   )

8 70 미만인 수

55, 69.3, 70, 72, 81, 66

(   )

절취선 대로 자르세요

9

348 올림하여 십의
자리까지 나타내기

(   )

10

5127 올림하여 천의
자리까지 나타내기

(   )

11

23840 올림하여 백의
자리까지 나타내기

(   )

12

3.569 올림하여 소수 둘째
자리까지 나타내기

(   )

13

471 버림하여 백의
자리까지 나타내기

(   )

14

2482 버림하여 십의
자리까지 나타내기

(   )

15

77893 버림하여 만의
자리까지 나타내기

(   )

16

6.19 버림하여 소수 첫째
자리까지 나타내기

(   )

17

248 반올림하여 십의
자리까지 나타내기

(   )

18

1522 반올림하여 천의
자리까지 나타내기

(   )

19

53723 반올림하여 만의
자리까지 나타내기

(   )

20

6.532 반올림하여 소수 둘째
자리까지 나타내기

(   )

21~28 빈 곳에 알맞은 수를 써넣으시오.

21

11 이상 17 이하인 자연수

↓

25

수	6425
올림하여 십의 자리까지 나타내기	
버림하여 백의 자리까지 나타내기	

22

21 초과 29 미만인 자연수

↓

26

수	3691
올림하여 천의 자리까지 나타내기	
버림하여 백의 자리까지 나타내기	

23

36 이상 41 미만인 자연수

↓

27

수	57832
반올림하여 십의 자리까지 나타내기	
반올림하여 천의 자리까지 나타내기	

24

28 초과 33 이하인 자연수

↓

28

수	2.437
올림하여 일의 자리까지 나타내기	
반올림하여 일의 자리까지 나타내기	

29

놀이 공원에 있는 청룡 열차 이용 요금을 나타낸 표입니다. 12살인 민지는 청룡 열차를 타려면 얼마를 내야 합니까?

청룡 열차 이용 요금

나이(살)	요금(원)
8 이하	900
8 초과 19 이하	1200
19 초과	1800

답

30

귤을 46개 사려고 합니다. 가게에서 10개씩 묶음으로만 귤을 판다면 최소 몇 개를 사야 합니까?

답

31

길이가 137 cm인 철사가 있습니다. 이 철사를 길이가 10 cm인 도막으로 자르려고 합니다. 자를 수 있는 길이가 10 cm인 도막은 최대 몇 개입니까?

답

실력 Check! 채점하여 자신의 실력을 확인해 보세요!

맞힌 개수	29개 이상	연산왕! 참 잘했어요!
	22~28개	틀린 문제를 점검해요!
개/31개	21개 이하	차근차근 다시 풀어요!

엄마의 확인 Note 칭찬할 점과 주의할 점을 써주세요!

정답확인

칭찬	
주의	

쑥셈 10권 **10일** - 4

교과서 분수의 곱셈

1 (진분수)×(자연수) (1)

공부한 날 월 일

☑ (진분수)×(자연수)의 계산은 분수의 분자와 자연수를 곱합니다.

예 $\dfrac{5}{6} \times 8 = \dfrac{\overset{20}{\cancel{40}}}{\underset{3}{\cancel{6}}}$

$= \dfrac{20}{3} = 6\dfrac{2}{3}$

$\dfrac{5}{\underset{3}{\cancel{6}}} \times \overset{4}{\cancel{8}} = \dfrac{5 \times 4}{3}$

$= \dfrac{20}{3} = 6\dfrac{2}{3}$

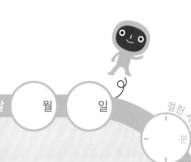

계산 결과가 가분수이면 대분수로 바꾸어 나타내면 좋아요.

1~15 계산을 하여 기약분수로 나타내시오.

1 $\dfrac{1}{3} \times 2$

2 $\dfrac{1}{2} \times 3$

3 $\dfrac{1}{4} \times 12$

4 $\dfrac{3}{5} \times 5$

5 $\dfrac{4}{7} \times 6$

6 $\dfrac{5}{6} \times 3$

7 $\dfrac{7}{8} \times 4$

8 $\dfrac{2}{7} \times 15$

9 $\dfrac{5}{8} \times 12$

10 $\dfrac{4}{9} \times 15$

11 $\dfrac{4}{21} \times 14$

12 $\dfrac{5}{18} \times 6$

13 $\dfrac{4}{5} \times 9$

14 $\dfrac{7}{20} \times 30$

15 $\dfrac{8}{15} \times 25$

정답지에 대로 자르세요

16~36 계산을 하여 기약분수로 나타내시오.

16 $\dfrac{1}{4} \times 5$

17 $\dfrac{4}{7} \times 2$

18 $\dfrac{2}{5} \times 10$

19 $\dfrac{1}{6} \times 3$

20 $\dfrac{5}{8} \times 4$

21 $\dfrac{10}{21} \times 7$

22 $\dfrac{3}{4} \times 28$

23 $\dfrac{17}{18} \times 6$

24 $\dfrac{3}{10} \times 3$

25 $\dfrac{21}{25} \times 5$

26 $\dfrac{3}{8} \times 22$

27 $\dfrac{5}{9} \times 18$

28 $\dfrac{10}{13} \times 5$

29 $\dfrac{5}{24} \times 16$

30 $\dfrac{1}{6} \times 21$

31 $\dfrac{9}{16} \times 40$

32 $\dfrac{9}{20} \times 15$

33 $\dfrac{6}{11} \times 6$

34 $\dfrac{22}{45} \times 9$

35 $\dfrac{13}{44} \times 33$

36 $\dfrac{25}{36} \times 27$

37

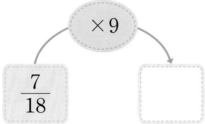

$\times 9$

$\dfrac{7}{18}$

38

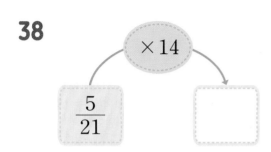

$\times 14$

$\dfrac{5}{21}$

39

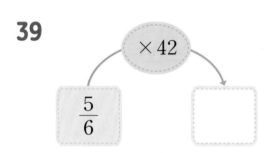

$\times 42$

$\dfrac{5}{6}$

40

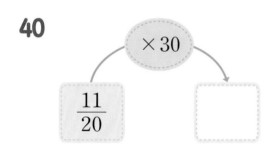

$\times 30$

$\dfrac{11}{20}$

41

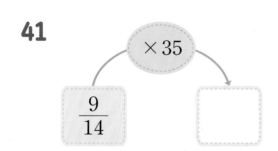

$\times 35$

$\dfrac{9}{14}$

42

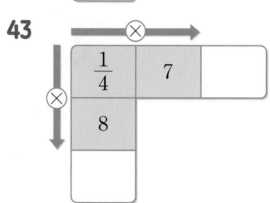

$\times$

| $\dfrac{1}{3}$ | 6 | |
| 3 | | |

43

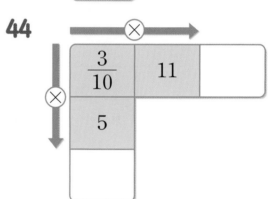

$\times$

| $\dfrac{1}{4}$ | 7 | |
| 8 | | |

44

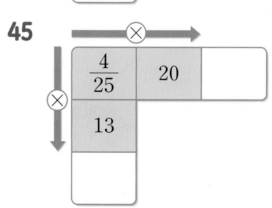

$\times$

| $\dfrac{3}{10}$ | 11 | |
| 5 | | |

45

$\times$

| $\dfrac{4}{25}$ | 20 | |
| 13 | | |

집 찾아가기

고양이는 집에 돌아가려고 합니다. 갈림길 문제의 계산 결과를 따라가면 집에 도착할 수 있습니다. 고양이의 집을 찾아 번호를 쓰시오.

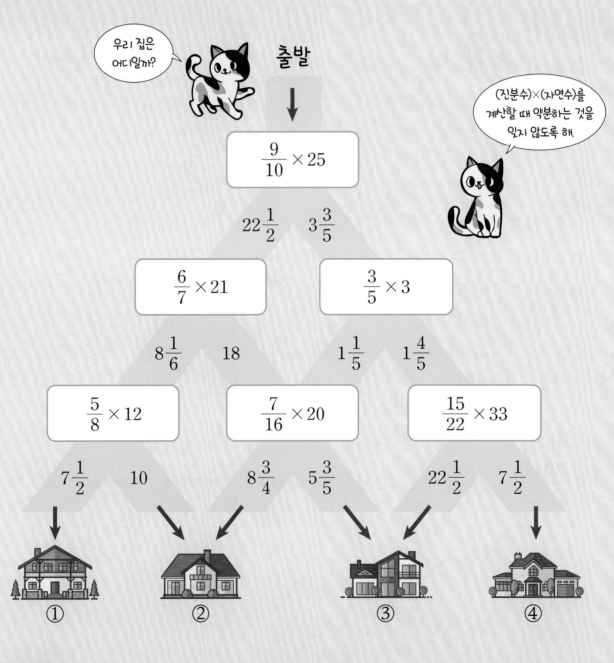

풀 이

답 _____

교과서 분수의 곱셈

② (진분수)×(자연수) (2)

공부한 날　월　일

걸린 시간　분

예 $\dfrac{3}{\overset{4}{8}} \times \overset{5}{10} = \dfrac{3 \times 5}{4}$

$= \dfrac{15}{4} = 3\dfrac{3}{4}$

분자와 자연수의 곱을
구한 다음 약분해도 되지만
주어진 곱셈에서 바로 약분하는
것이 더 편리해요.

1~15 계산을 하여 기약분수로 나타내시오.

1 $\dfrac{1}{5} \times 3$

2 $\dfrac{3}{8} \times 4$

3 $\dfrac{8}{9} \times 5$

4 $\dfrac{3}{7} \times 8$

5 $\dfrac{5}{6} \times 9$

6 $\dfrac{5}{14} \times 7$

7 $\dfrac{11}{15} \times 10$

8 $\dfrac{5}{6} \times 12$

9 $\dfrac{3}{16} \times 24$

10 $\dfrac{5}{33} \times 18$

11 $\dfrac{8}{9} \times 18$

12 $\dfrac{7}{12} \times 20$

13 $\dfrac{9}{14} \times 28$

14 $\dfrac{35}{72} \times 36$

15 $\dfrac{13}{42} \times 30$

정답과 같이 대로 자르세요

16~36 계산을 하여 기약분수로 나타내시오.

16 $\dfrac{3}{4} \times 2$

17 $\dfrac{4}{5} \times 6$

18 $\dfrac{1}{16} \times 4$

19 $\dfrac{1}{6} \times 7$

20 $\dfrac{9}{16} \times 8$

21 $\dfrac{7}{15} \times 10$

22 $\dfrac{2}{11} \times 9$

23 $\dfrac{17}{18} \times 9$

24 $\dfrac{9}{14} \times 21$

25 $\dfrac{2}{3} \times 18$

26 $\dfrac{9}{11} \times 22$

27 $\dfrac{13}{24} \times 12$

28 $\dfrac{10}{13} \times 8$

29 $\dfrac{9}{10} \times 20$

30 $\dfrac{23}{28} \times 7$

31 $\dfrac{4}{5} \times 25$

32 $\dfrac{9}{22} \times 32$

33 $\dfrac{13}{36} \times 27$

34 $\dfrac{5}{6} \times 39$

35 $\dfrac{17}{46} \times 16$

36 $\dfrac{8}{27} \times 45$

37~45 빈 곳에 알맞은 기약분수를 써넣으시오.

37

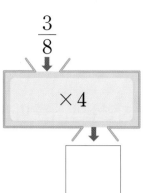

$$\frac{3}{8}$$

$$\times 4$$

38

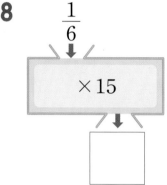

$$\frac{1}{6}$$

$$\times 15$$

39

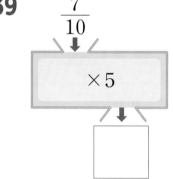

$$\frac{7}{10}$$

$$\times 5$$

40

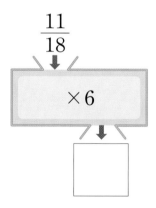

$$\frac{11}{18}$$

$$\times 6$$

41

$$\frac{13}{24} \quad \times 16$$

42

$$\frac{17}{30} \quad \times 20$$

43

$$\frac{13}{14} \quad \times 28$$

44

$$\frac{2}{9} \quad \times 32$$

45

$$\frac{13}{24} \quad \times 12$$

길 찾기

유나는 준호를 만나러 가려고 합니다. 길에 적힌 곱셈식의 계산 결과가 자연수인 식을 따라가면 준호를 만날 수 있습니다. 길을 찾아 선으로 이어 보시오.

$\dfrac{2}{5} \times 4$	$\dfrac{7}{10} \times 30$	$\dfrac{3}{7} \times 21$	**출발**
$\dfrac{3}{14} \times 6$	$\dfrac{5}{6} \times 24$	$\dfrac{5}{9} \times 6$	$\dfrac{7}{12} \times 8$
$\dfrac{7}{9} \times 15$	$\dfrac{4}{5} \times 15$	$\dfrac{3}{8} \times 16$	$\dfrac{8}{15} \times 3$
$\dfrac{9}{16} \times 8$	$\dfrac{3}{20} \times 16$	$\dfrac{4}{9} \times 36$	$\dfrac{2}{5} \times 11$
도착	$\dfrac{1}{4} \times 24$	$\dfrac{5}{12} \times 24$	$\dfrac{7}{8} \times 15$

(진분수)×(자연수)는 어떻게 계산한댔지?

진분수의 분모와 자연수를 약분한 후 분자와 자연수를 곱하면 돼.

유나   준호

교과서 분수의 곱셈

3 (대분수)×(자연수) (1)

✅ (대분수)×(자연수)의 계산은 대분수를 가분수로 바꾼 다음 (가분수)×(자연수)를 계산합니다.

예 $1\dfrac{4}{9} \times 6 = \dfrac{13}{\overset{}{\underset{3}{9}}} \times \overset{2}{6}$

$\quad = \dfrac{26}{3} = 8\dfrac{2}{3}$

대분수를 자연수 부분과 분수 부분으로 나누어 계산할 수도 있지만 대분수를 가분수로 고친 다음 계산하는 것이 더 편리해요.

1~15 계산을 하여 기약분수로 나타내시오.

1 $1\dfrac{1}{3} \times 2$

2 $1\dfrac{1}{2} \times 4$

3 $2\dfrac{1}{6} \times 5$

4 $2\dfrac{1}{2} \times 6$

5 $3\dfrac{1}{4} \times 8$

6 $1\dfrac{3}{4} \times 8$

7 $2\dfrac{2}{3} \times 7$

8 $1\dfrac{5}{9} \times 3$

9 $3\dfrac{5}{18} \times 9$

10 $2\dfrac{1}{14} \times 6$

11 $2\dfrac{4}{15} \times 5$

12 $4\dfrac{2}{7} \times 14$

13 $2\dfrac{3}{16} \times 2$

14 $1\dfrac{7}{24} \times 12$

15 $2\dfrac{11}{18} \times 24$

16 $2\dfrac{1}{5} \times 4$

23 $4\dfrac{5}{6} \times 3$

30 $5\dfrac{5}{12} \times 6$

17 $3\dfrac{1}{3} \times 2$

24 $1\dfrac{2}{7} \times 10$

31 $2\dfrac{3}{10} \times 4$

18 $1\dfrac{3}{10} \times 5$

25 $2\dfrac{5}{16} \times 8$

32 $1\dfrac{2}{3} \times 9$

19 $1\dfrac{5}{6} \times 7$

26 $1\dfrac{5}{24} \times 16$

33 $2\dfrac{9}{50} \times 25$

20 $2\dfrac{1}{8} \times 6$

27 $6\dfrac{2}{3} \times 2$

34 $1\dfrac{5}{33} \times 3$

21 $3\dfrac{1}{4} \times 8$

28 $1\dfrac{4}{21} \times 14$

35 $3\dfrac{3}{4} \times 20$

22 $3\dfrac{1}{6} \times 9$

29 $1\dfrac{3}{28} \times 7$

36 $2\dfrac{5}{24} \times 4$

37~46 두 수의 곱을 기약분수로 나타내어 빈 곳에 써넣으시오.

37
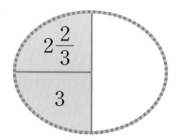

42
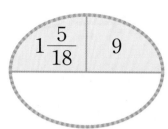

38
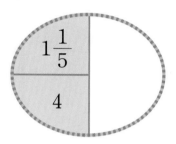

43
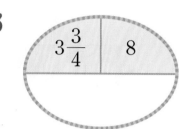

39
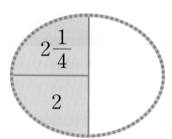

44
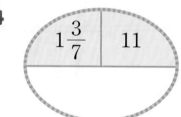

40
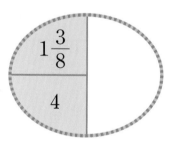

45
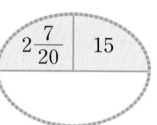

41
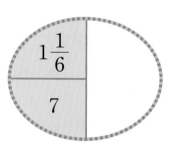

46
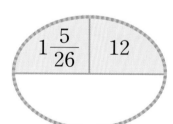

도둑은 누구일까요?

어느 날 한 박물관에 도둑이 들어 귀중한 유물을 훔쳐 갔습니다. 사건 단서 ①, ②, ③의 계산 결과에 해당하는 글자를 사건 단서 해독표에서 찾아 차례로 쓰면 도둑의 이름을 알 수 있습니다. 주어진 사건 단서를 가지고 도둑의 이름을 알아보시오.

사건 단서 ①
$2\frac{1}{6} \times 8$

사건 단서 ②
$4\frac{1}{2} \times 10$

사건 단서 ③
$1\frac{4}{5} \times 3$

사건 현장의 단서를 찾은 다음 오른쪽의 사건 단서 해독표를 이용하여 범인의 이름을 알아봐.

<사건 단서 해독표>

이	48	빈	$10\frac{7}{12}$	김	12	준	$7\frac{4}{7}$
강	$17\frac{1}{3}$	향	$3\frac{4}{5}$	민	$7\frac{5}{8}$	박	$4\frac{3}{5}$
기	$6\frac{5}{6}$	성	45	우	$6\frac{1}{2}$	연	$5\frac{2}{5}$

도둑의 이름은 　①　②　③　입니다.

풀 이

답

교과서 분수의 곱셈

4 (대분수)×(자연수) (2)

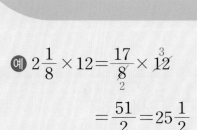

예 $2\dfrac{1}{8} \times 12 = \dfrac{17}{\underset{2}{8}} \times \overset{3}{12}$

$= \dfrac{51}{2} = 25\dfrac{1}{2}$

대분수 상태에서 약분하지 않도록 주의해요.

1~15 계산을 하여 기약분수로 나타내시오.

1 $1\dfrac{1}{5} \times 5$

2 $2\dfrac{1}{2} \times 6$

3 $1\dfrac{3}{8} \times 4$

4 $2\dfrac{1}{6} \times 3$

5 $3\dfrac{3}{7} \times 2$

6 $3\dfrac{2}{3} \times 8$

7 $1\dfrac{4}{11} \times 7$

8 $2\dfrac{5}{12} \times 9$

9 $1\dfrac{5}{8} \times 2$

10 $2\dfrac{4}{9} \times 3$

11 $2\dfrac{3}{4} \times 10$

12 $1\dfrac{5}{22} \times 11$

13 $3\dfrac{5}{6} \times 12$

14 $1\dfrac{3}{28} \times 21$

15 $2\dfrac{7}{24} \times 16$

잘찾신 대로 자르세요

16~36 계산을 하여 기약분수로 나타내시오.

16 $2\dfrac{1}{3} \times 5$

17 $2\dfrac{1}{4} \times 8$

18 $4\dfrac{1}{2} \times 4$

19 $1\dfrac{1}{14} \times 7$

20 $1\dfrac{2}{15} \times 9$

21 $2\dfrac{2}{9} \times 6$

22 $1\dfrac{3}{7} \times 8$

23 $1\dfrac{3}{14} \times 2$

24 $2\dfrac{3}{10} \times 8$

25 $2\dfrac{3}{4} \times 6$

26 $1\dfrac{7}{10} \times 15$

27 $3\dfrac{5}{12} \times 4$

28 $1\dfrac{3}{28} \times 2$

29 $2\dfrac{4}{15} \times 5$

30 $3\dfrac{1}{7} \times 9$

31 $1\dfrac{5}{24} \times 12$

32 $1\dfrac{6}{25} \times 10$

33 $6\dfrac{1}{4} \times 3$

34 $4\dfrac{1}{2} \times 7$

35 $1\dfrac{2}{33} \times 11$

36 $3\dfrac{2}{13} \times 26$

37

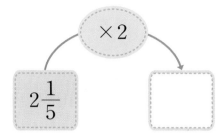

$\times 2$

$2\dfrac{1}{5}$

42

$1\dfrac{3}{4}$ → $\times 8$ →

38

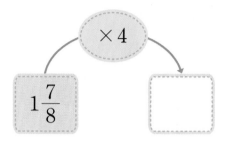

$\times 4$

$1\dfrac{7}{8}$

43

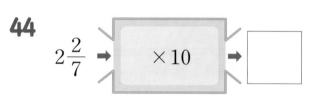

$1\dfrac{4}{15}$ → $\times 6$ →

39

$\times 3$

$3\dfrac{1}{4}$

44

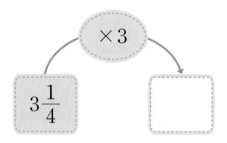

$2\dfrac{2}{7}$ → $\times 10$ →

40

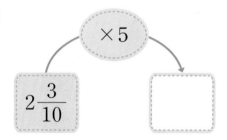

$\times 5$

$2\dfrac{3}{10}$

45

$1\dfrac{7}{30}$ → $\times 15$ →

41

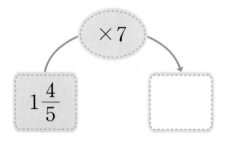

$\times 7$

$1\dfrac{4}{5}$

46

$2\dfrac{1}{27}$ → $\times 9$ →

다른 그림 찾기

아래 그림에서 위 그림과 다른 부분 5군데를 모두 찾아 ○표 하시오.

교과서 분수의 곱셈

5 (자연수)×(진분수) (1)

✅ (자연수)×(진분수)의 계산은 자연수와 분수의 분자를 곱합니다.

예 $6 \times \dfrac{2}{9} = \dfrac{\overset{4}{\cancel{12}}}{\underset{3}{\cancel{9}}}$

$= \dfrac{4}{3} = 1\dfrac{1}{3}$

$\overset{2}{\cancel{6}} \times \dfrac{2}{\underset{3}{\cancel{9}}} = \dfrac{2 \times 2}{3}$

$= \dfrac{4}{3} = 1\dfrac{1}{3}$

> 약분이 되면 약분하여 기약분수로 나타내면 좋아요. 또 결과가 가분수이면 대분수로 바꾸어 나타내요.

1~15 계산을 하여 기약분수로 나타내시오.

1 $3 \times \dfrac{1}{4}$

2 $2 \times \dfrac{1}{6}$

3 $4 \times \dfrac{3}{7}$

4 $7 \times \dfrac{1}{2}$

5 $12 \times \dfrac{3}{4}$

6 $5 \times \dfrac{7}{15}$

7 $7 \times \dfrac{19}{49}$

8 $6 \times \dfrac{3}{20}$

9 $16 \times \dfrac{3}{8}$

10 $18 \times \dfrac{3}{10}$

11 $12 \times \dfrac{2}{5}$

12 $9 \times \dfrac{7}{12}$

13 $18 \times \dfrac{8}{9}$

14 $35 \times \dfrac{9}{14}$

15 $45 \times \dfrac{5}{18}$

16~36 계산을 하여 기약분수로 나타내시오.

16 $2 \times \dfrac{5}{6}$

23 $32 \times \dfrac{3}{20}$

30 $25 \times \dfrac{2}{15}$

17 $4 \times \dfrac{1}{2}$

24 $9 \times \dfrac{5}{13}$

31 $7 \times \dfrac{4}{11}$

18 $3 \times \dfrac{3}{5}$

25 $14 \times \dfrac{2}{7}$

32 $15 \times \dfrac{6}{25}$

19 $5 \times \dfrac{9}{10}$

26 $11 \times \dfrac{7}{33}$

33 $24 \times \dfrac{3}{14}$

20 $7 \times \dfrac{1}{6}$

27 $10 \times \dfrac{2}{15}$

34 $8 \times \dfrac{5}{24}$

21 $6 \times \dfrac{2}{3}$

28 $12 \times \dfrac{17}{18}$

35 $20 \times \dfrac{4}{5}$

22 $8 \times \dfrac{7}{24}$

29 $27 \times \dfrac{5}{9}$

36 $105 \times \dfrac{2}{27}$

37

18

$$\times \frac{5}{6}$$

38

21

$$\times \frac{11}{14}$$

39

7

$$\times \frac{20}{21}$$

40

22

$$\times \frac{5}{12}$$

41 ⊗→

| 6 | $\frac{1}{8}$ | |
| 3 | $\frac{5}{9}$ | |

42 ⊗→

| 2 | $\frac{3}{4}$ | |
| 7 | $\frac{3}{5}$ | |

43 ⊗→

| 8 | $\frac{5}{12}$ | |
| 5 | $\frac{3}{20}$ | |

44 ⊗→

| 9 | $\frac{5}{6}$ | |
| 4 | $\frac{9}{13}$ | |

45 ⊗→

| 10 | $\frac{17}{20}$ | |
| 13 | $\frac{2}{9}$ | |

맛있는 요리법

다음은 비빔국수 요리법입니다. 엄마와 함께 순서에 따라 요리해 보세요.

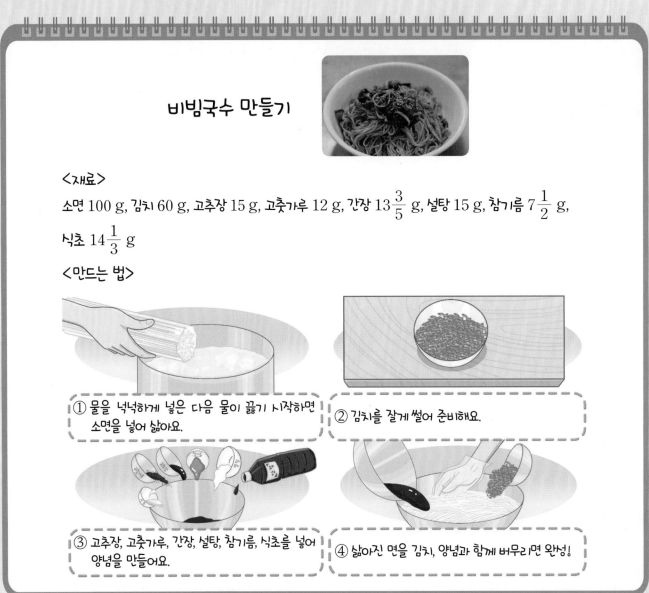

비빔국수 만들기

<재료>

소면 100 g, 김치 60 g, 고추장 15 g, 고춧가루 12 g, 간장 $13\frac{3}{5}$ g, 설탕 15 g, 참기름 $7\frac{1}{2}$ g, 식초 $14\frac{1}{3}$ g

<만드는 법>

① 물을 넉넉하게 넣은 다음 물이 끓기 시작하면 소면을 넣어 삶아요.

② 김치를 잘게 썰어 준비해요.

③ 고추장, 고춧가루, 간장, 설탕, 참기름, 식초를 넣어 양념을 만들어요.

④ 삶아진 면을 김치, 양념과 함께 버무리면 완성!

민정이는 고춧가루를 위 요리법에 나온 양의 $\frac{3}{8}$ 만큼만 사용하였습니다. 민정이가 사용한 고춧가루의 양은 몇 g입니까?

풀 이

답 _____

교과서 분수의 곱셈

6 (자연수)×(진분수) (2)

예 $\overset{5}{\cancel{15}} \times \dfrac{5}{\cancel{9}_3} = \dfrac{5 \times 5}{3}$

$= \dfrac{25}{3} = 8\dfrac{1}{3}$

자연수와 분모를 약분한 후 자연수와 분자를 곱해요.

1~15 계산을 하여 기약분수로 나타내시오.

1 $2 \times \dfrac{1}{12}$

2 $4 \times \dfrac{1}{3}$

3 $5 \times \dfrac{4}{5}$

4 $7 \times \dfrac{2}{9}$

5 $9 \times \dfrac{2}{3}$

6 $9 \times \dfrac{1}{6}$

7 $8 \times \dfrac{3}{16}$

8 $10 \times \dfrac{3}{8}$

9 $18 \times \dfrac{5}{12}$

10 $16 \times \dfrac{3}{10}$

11 $15 \times \dfrac{2}{7}$

12 $24 \times \dfrac{5}{18}$

13 $25 \times \dfrac{9}{10}$

14 $32 \times \dfrac{15}{16}$

15 $40 \times \dfrac{11}{30}$

16 $4 \times \dfrac{2}{5}$

23 $8 \times \dfrac{5}{11}$

30 $27 \times \dfrac{7}{45}$

17 $2 \times \dfrac{5}{8}$

24 $12 \times \dfrac{5}{6}$

31 $39 \times \dfrac{1}{6}$

18 $5 \times \dfrac{4}{7}$

25 $11 \times \dfrac{13}{33}$

32 $28 \times \dfrac{20}{21}$

19 $6 \times \dfrac{1}{12}$

26 $21 \times \dfrac{12}{35}$

33 $25 \times \dfrac{7}{30}$

20 $9 \times \dfrac{4}{15}$

27 $26 \times \dfrac{3}{14}$

34 $42 \times \dfrac{3}{8}$

21 $7 \times \dfrac{15}{28}$

28 $20 \times \dfrac{4}{5}$

35 $36 \times \dfrac{5}{18}$

22 $3 \times \dfrac{5}{16}$

29 $22 \times \dfrac{7}{55}$

36 $96 \times \dfrac{13}{36}$

37~46 빈 곳에 알맞은 기약분수를 써넣으시오.

37

$7 \times \dfrac{2}{3}$

42
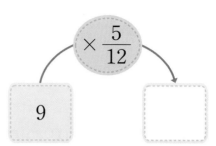
$9 \times \dfrac{5}{12}$

38

$4 \times \dfrac{3}{8}$

43
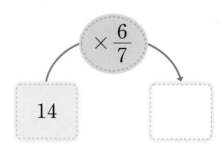
$14 \times \dfrac{6}{7}$

39
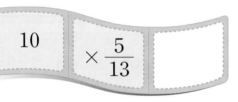
$10 \times \dfrac{5}{13}$

44
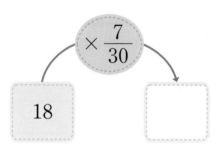
$18 \times \dfrac{7}{30}$

40

$6 \times \dfrac{7}{18}$

45
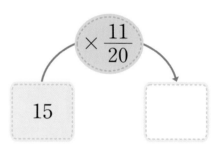
$15 \times \dfrac{11}{20}$

41
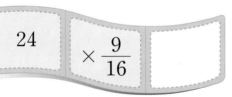
$24 \times \dfrac{9}{16}$

46
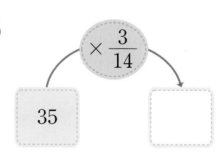
$35 \times \dfrac{3}{14}$

고사성어

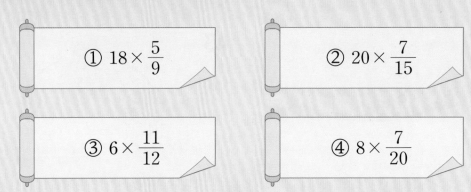

다음 식의 계산 결과에 해당하는 글자를 [보기]에서 찾아 아래 표의 빈칸에 차례로 써넣으면 고사성어가 완성됩니다. 완성된 고사성어를 쓰시오.

① $18 \times \dfrac{5}{9}$

② $20 \times \dfrac{7}{15}$

③ $6 \times \dfrac{11}{12}$

④ $8 \times \dfrac{7}{20}$

보기

22	$5\dfrac{1}{4}$	10	$2\dfrac{1}{2}$	$2\dfrac{4}{5}$	$17\dfrac{1}{2}$	$5\dfrac{1}{2}$	$6\dfrac{3}{4}$	21	$9\dfrac{1}{3}$
역	죽	금	막	교	고	지	마	우	란

①	②	③	④

완성된 단어는 단단하기가 황금과 같고 아름답기가 난초 향기와 같은 사귐이라는 뜻을 지닌 고사성어야.

친구 사이의 매우 두터운 우정을 비유하는 고사성어지.

풀 이

답 _____

교과서 **분수의 곱셈**

7 (자연수)×(대분수) (1)

✔ (자연수)×(대분수)의 계산은 대분수를 가분수로 바꾼 다음 (자연수)×(가분수)를 계산합니다.

예 $9 \times 2\frac{1}{6} = \overset{3}{9} \times \frac{13}{\underset{2}{6}}$

$= \frac{39}{2} = 19\frac{1}{2}$

대분수는 반드시
가분수로 바꾼 다음
약분해야 해요.

1~15 계산을 하여 기약분수로 나타내시오.

1 $2 \times 1\frac{1}{4}$

2 $3 \times 2\frac{1}{5}$

3 $5 \times 1\frac{1}{2}$

4 $4 \times 1\frac{5}{6}$

5 $5 \times 2\frac{2}{5}$

6 $7 \times 2\frac{2}{3}$

7 $6 \times 1\frac{5}{18}$

8 $8 \times 2\frac{3}{4}$

9 $15 \times 1\frac{1}{12}$

10 $16 \times 2\frac{3}{10}$

11 $9 \times 3\frac{1}{6}$

12 $10 \times 1\frac{2}{25}$

13 $12 \times 4\frac{1}{3}$

14 $21 \times 2\frac{3}{14}$

15 $25 \times 1\frac{7}{10}$

16~36 계산을 하여 기약분수로 나타내시오.

16 $3 \times 2\dfrac{1}{2}$

17 $2 \times 1\dfrac{2}{5}$

18 $4 \times 2\dfrac{1}{6}$

19 $7 \times 2\dfrac{3}{14}$

20 $6 \times 3\dfrac{2}{3}$

21 $10 \times 1\dfrac{4}{15}$

22 $5 \times 2\dfrac{4}{15}$

23 $5 \times 2\dfrac{6}{7}$

24 $8 \times 3\dfrac{3}{4}$

25 $3 \times 6\dfrac{2}{9}$

26 $10 \times 1\dfrac{13}{15}$

27 $2 \times 6\dfrac{5}{7}$

28 $4 \times 1\dfrac{3}{10}$

29 $18 \times 3\dfrac{4}{9}$

30 $9 \times 1\dfrac{3}{14}$

31 $7 \times 2\dfrac{2}{21}$

32 $14 \times 1\dfrac{5}{6}$

33 $16 \times 2\dfrac{3}{8}$

34 $11 \times 2\dfrac{3}{22}$

35 $22 \times 6\dfrac{1}{2}$

36 $60 \times 1\dfrac{5}{24}$

37~46 두 수의 곱을 기약분수로 나타내어 빈 곳에 써넣으시오.

37
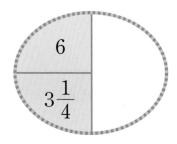
6
$3\dfrac{1}{4}$

42
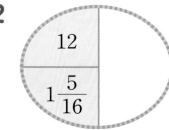
12
$1\dfrac{5}{16}$

38
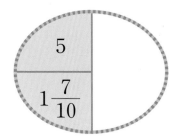
5
$1\dfrac{7}{10}$

43
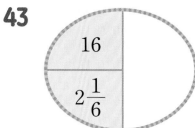
16
$2\dfrac{1}{6}$

39
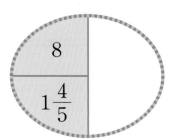
8
$1\dfrac{4}{5}$

44
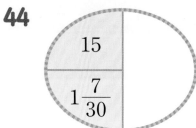
15
$1\dfrac{7}{30}$

40
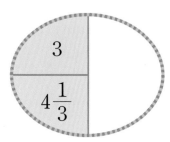
3
$4\dfrac{1}{3}$

45
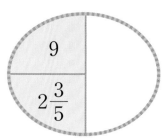
9
$2\dfrac{3}{5}$

41
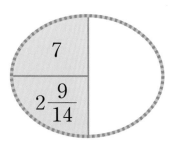
7
$2\dfrac{9}{14}$

46
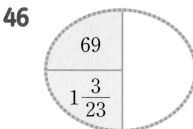
69
$1\dfrac{3}{23}$

다른 그림 찾기

쏙셈 10권 17일 - 4

아래 사진에서 위 사진과 다른 부분 5군데를 모두 찾아 ○표 하시오.

교과서 분수의 곱셈

8 (자연수)×(대분수) (2)

공부한 날   월   일

걸린 시간   분

예 $10 \times 1\dfrac{3}{8} = \overset{5}{\cancel{10}} \times \dfrac{11}{\underset{4}{\cancel{8}}}$

$= \dfrac{55}{4} = 13\dfrac{3}{4}$

대분수 상태에서 약분하지 않도록 주의해요.

1~15 계산을 하여 기약분수로 나타내시오.

1 $3 \times 3\dfrac{1}{2}$

2 $2 \times 1\dfrac{1}{7}$

3 $3 \times 1\dfrac{1}{3}$

4 $4 \times 1\dfrac{1}{8}$

5 $5 \times 2\dfrac{3}{10}$

6 $6 \times 2\dfrac{4}{9}$

7 $5 \times 1\dfrac{4}{25}$

8 $15 \times 2\dfrac{5}{6}$

9 $9 \times 1\dfrac{2}{15}$

10 $8 \times 2\dfrac{5}{12}$

11 $8 \times 1\dfrac{5}{18}$

12 $12 \times 2\dfrac{3}{4}$

13 $14 \times 1\dfrac{23}{28}$

14 $20 \times 3\dfrac{4}{5}$

15 $24 \times 2\dfrac{3}{16}$

16~36 계산을 하여 기약분수로 나타내시오.

16 $4 \times 1\dfrac{1}{3}$

17 $2 \times 2\dfrac{1}{6}$

18 $7 \times 1\dfrac{1}{2}$

19 $3 \times 2\dfrac{2}{9}$

20 $6 \times 1\dfrac{3}{7}$

21 $10 \times 2\dfrac{7}{15}$

22 $5 \times 3\dfrac{1}{3}$

23 $7 \times 1\dfrac{4}{21}$

24 $6 \times 2\dfrac{2}{15}$

25 $15 \times 1\dfrac{5}{12}$

26 $9 \times 6\dfrac{2}{3}$

27 $8 \times 1\dfrac{3}{10}$

28 $3 \times 3\dfrac{1}{5}$

29 $11 \times 1\dfrac{2}{33}$

30 $8 \times 7\dfrac{1}{2}$

31 $5 \times 1\dfrac{3}{20}$

32 $27 \times 1\dfrac{5}{18}$

33 $13 \times 2\dfrac{2}{5}$

34 $9 \times 1\dfrac{5}{36}$

35 $16 \times 1\dfrac{7}{8}$

36 $45 \times 2\dfrac{3}{10}$

37

3 | $\times 3\dfrac{1}{6}$ |

42

$\times$	$1\dfrac{5}{7}$	$4\dfrac{1}{2}$	$1\dfrac{5}{12}$
8			

38

5 | $\times 1\dfrac{2}{15}$ |

43

$\times$	$2\dfrac{3}{7}$	$1\dfrac{4}{5}$	$1\dfrac{2}{11}$
7			

39

4 | $\times 2\dfrac{3}{8}$ |

44

$\times$	$2\dfrac{1}{3}$	$1\dfrac{3}{26}$	$1\dfrac{2}{11}$
13			

40

6 | $\times 1\dfrac{2}{9}$ |

45

$\times$	$2\dfrac{2}{9}$	$2\dfrac{5}{6}$	$1\dfrac{5}{12}$
18			

41

9 | $\times 1\dfrac{2}{27}$ |

46

$\times$	$1\dfrac{3}{14}$	$2\dfrac{2}{3}$	$3\dfrac{3}{7}$
21			

사다리 타기

사다리 타기는 줄을 따라 내려가다가 가로로 놓인 선을 만나면 가로 선을 따라 맨 아래까지 내려가는 놀이입니다. 주어진 식의 계산 결과를 사다리를 타고 내려가서 도착한 곳에 기약분수로 써넣으시오.

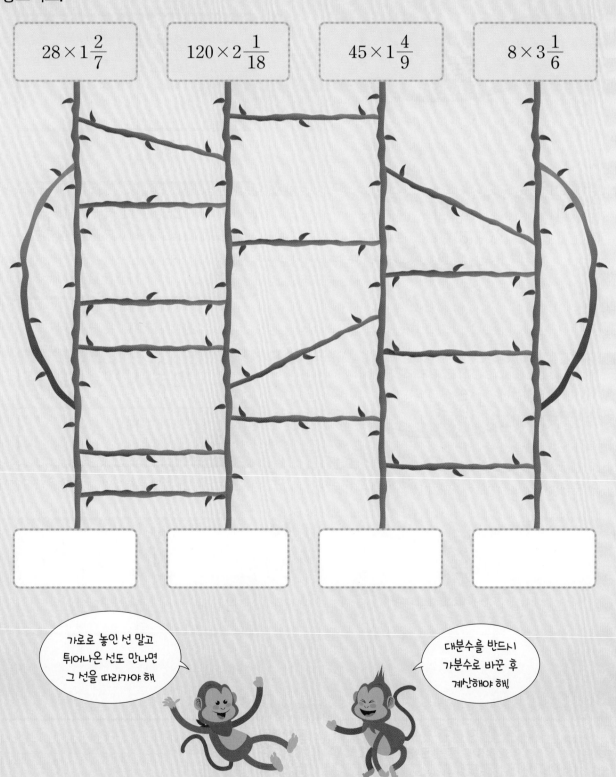

교과서 분수의 곱셈

9 (단위분수) × (단위분수)

공부한 날   월   일

걸린 시간 분

✔ (단위분수) × (단위분수)의 계산은 분자는 그대로 1로 두고 분모끼리 곱합니다.

예 $\dfrac{1}{4} \times \dfrac{1}{3} = \dfrac{1}{4 \times 3}$

$= \dfrac{1}{12}$

$\dfrac{1}{\blacksquare} \times \dfrac{1}{\bullet} = \dfrac{1}{\blacksquare \times \bullet}$

단위분수끼리 곱하면 분자는 항상 1이 돼요.

1~15 계산을 하여 기약분수로 나타내시오.

1 $\dfrac{1}{3} \times \dfrac{1}{7}$

6 $\dfrac{1}{6} \times \dfrac{1}{9}$

11 $\dfrac{1}{22} \times \dfrac{1}{3}$

2 $\dfrac{1}{2} \times \dfrac{1}{5}$

7 $\dfrac{1}{2} \times \dfrac{1}{24}$

12 $\dfrac{1}{5} \times \dfrac{1}{18}$

3 $\dfrac{1}{4} \times \dfrac{1}{8}$

8 $\dfrac{1}{7} \times \dfrac{1}{7}$

13 $\dfrac{1}{42} \times \dfrac{1}{2}$

4 $\dfrac{1}{5} \times \dfrac{1}{11}$

9 $\dfrac{1}{2} \times \dfrac{1}{15}$

14 $\dfrac{1}{4} \times \dfrac{1}{35}$

5 $\dfrac{1}{9} \times \dfrac{1}{4}$

10 $\dfrac{1}{3} \times \dfrac{1}{14}$

15 $\dfrac{1}{14} \times \dfrac{1}{12}$

16~36 계산을 하여 기약분수로 나타내시오.

16 $\dfrac{1}{2} \times \dfrac{1}{20}$

17 $\dfrac{1}{7} \times \dfrac{1}{2}$

18 $\dfrac{1}{3} \times \dfrac{1}{4}$

19 $\dfrac{1}{6} \times \dfrac{1}{6}$

20 $\dfrac{1}{2} \times \dfrac{1}{9}$

21 $\dfrac{1}{13} \times \dfrac{1}{5}$

22 $\dfrac{1}{4} \times \dfrac{1}{10}$

23 $\dfrac{1}{11} \times \dfrac{1}{14}$

24 $\dfrac{1}{13} \times \dfrac{1}{9}$

25 $\dfrac{1}{7} \times \dfrac{1}{12}$

26 $\dfrac{1}{16} \times \dfrac{1}{8}$

27 $\dfrac{1}{10} \times \dfrac{1}{18}$

28 $\dfrac{1}{12} \times \dfrac{1}{21}$

29 $\dfrac{1}{28} \times \dfrac{1}{5}$

30 $\dfrac{1}{40} \times \dfrac{1}{7}$

31 $\dfrac{1}{3} \times \dfrac{1}{43}$

32 $\dfrac{1}{34} \times \dfrac{1}{11}$

33 $\dfrac{1}{32} \times \dfrac{1}{6}$

34 $\dfrac{1}{4} \times \dfrac{1}{55}$

35 $\dfrac{1}{63} \times \dfrac{1}{3}$

36 $\dfrac{1}{2} \times \dfrac{1}{90}$

37

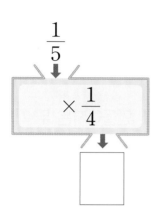

41

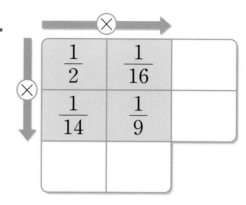

38

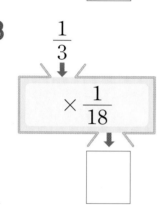

42

$$\begin{array}{|c|c|c|}
\hline
\dfrac{1}{12} & \dfrac{1}{5} & \\
\hline
\dfrac{1}{3} & \dfrac{1}{10} & \\
\hline
& & \\
\hline
\end{array}$$

39

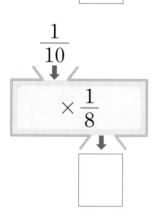

43

$$\begin{array}{|c|c|c|}
\hline
\dfrac{1}{9} & \dfrac{1}{24} & \\
\hline
\dfrac{1}{9} & \dfrac{1}{8} & \\
\hline
& & \\
\hline
\end{array}$$

40

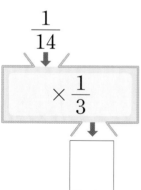

44

$$\begin{array}{|c|c|c|}
\hline
\dfrac{1}{15} & \dfrac{1}{7} & \\
\hline
\dfrac{1}{16} & \dfrac{1}{31} & \\
\hline
& & \\
\hline
\end{array}$$

선을 이어 만든 숫자

쏙셈 10권 19일 - 4

계산 결과가 작은 것부터 차례로 선으로 이어보면 숫자가 만들어집니다. 만들어지는 두 개의 숫자의 합을 구하시오.

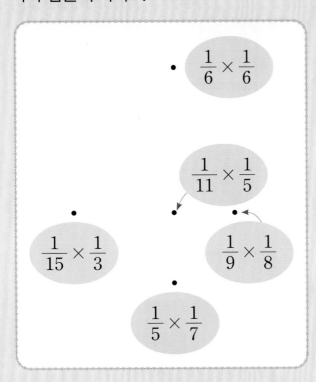

분자가 같을 때는
분모가 클수록 작아.

어떤 숫자가
나타날까?

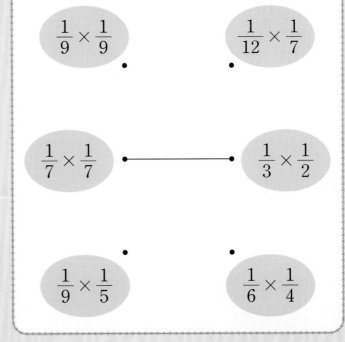

풀 이

답

교과서 분수의 곱셈

10 (진분수)×(단위분수)

✔ (진분수)×(단위분수)의 계산은 분모끼리 곱하고, 분자끼리 곱합니다.

예 $\dfrac{3}{5} \times \dfrac{1}{2} = \dfrac{3 \times 1}{5 \times 2}$
       $= \dfrac{3}{10}$

$\dfrac{3}{5} \times \dfrac{1}{2}$ 은 $\dfrac{1}{5} \times \dfrac{1}{2}$ 의 3배이므로 $\dfrac{3}{5 \times 2}$ 이에요.

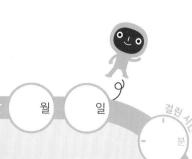

$\blacktriangle \times \dfrac{1}{\bullet} = \dfrac{\blacktriangle}{\blacksquare \times \bullet}$

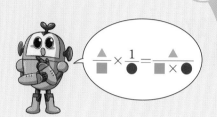

1~15 계산을 하여 기약분수로 나타내시오.

1 $\dfrac{3}{7} \times \dfrac{1}{5}$

2 $\dfrac{5}{6} \times \dfrac{1}{4}$

3 $\dfrac{7}{8} \times \dfrac{1}{2}$

4 $\dfrac{23}{40} \times \dfrac{1}{2}$

5 $\dfrac{4}{7} \times \dfrac{1}{9}$

6 $\dfrac{7}{9} \times \dfrac{1}{2}$

7 $\dfrac{9}{10} \times \dfrac{1}{10}$

8 $\dfrac{5}{7} \times \dfrac{1}{6}$

9 $\dfrac{4}{5} \times \dfrac{1}{13}$

10 $\dfrac{7}{10} \times \dfrac{1}{6}$

11 $\dfrac{10}{17} \times \dfrac{1}{3}$

12 $\dfrac{11}{21} \times \dfrac{1}{8}$

13 $\dfrac{19}{24} \times \dfrac{1}{5}$

14 $\dfrac{37}{45} \times \dfrac{1}{4}$

15 $\dfrac{13}{14} \times \dfrac{1}{25}$

16 $\dfrac{3}{4} \times \dfrac{1}{4}$

23 $\dfrac{15}{19} \times \dfrac{1}{2}$

30 $\dfrac{20}{27} \times \dfrac{1}{13}$

17 $\dfrac{7}{18} \times \dfrac{1}{4}$

24 $\dfrac{11}{15} \times \dfrac{1}{4}$

31 $\dfrac{18}{29} \times \dfrac{1}{20}$

18 $\dfrac{5}{6} \times \dfrac{1}{2}$

25 $\dfrac{13}{19} \times \dfrac{1}{20}$

32 $\dfrac{31}{35} \times \dfrac{1}{12}$

19 $\dfrac{4}{5} \times \dfrac{1}{10}$

26 $\dfrac{15}{16} \times \dfrac{1}{21}$

33 $\dfrac{3}{5} \times \dfrac{1}{40}$

약분하여 기약분수로 나타내요.

20 $\dfrac{6}{7} \times \dfrac{1}{11}$

27 $\dfrac{7}{25} \times \dfrac{1}{8}$

34 $\dfrac{35}{52} \times \dfrac{1}{15}$

21 $\dfrac{11}{12} \times \dfrac{1}{4}$

28 $\dfrac{19}{28} \times \dfrac{1}{19}$

35 $\dfrac{13}{20} \times \dfrac{1}{20}$

22 $\dfrac{5}{9} \times \dfrac{1}{6}$

29 $\dfrac{4}{5} \times \dfrac{1}{33}$

36 $\dfrac{20}{21} \times \dfrac{1}{68}$

37 $\dfrac{19}{26} \rightarrow \boxed{\times \dfrac{1}{5}} \rightarrow \square$

38 $\dfrac{3}{19} \rightarrow \boxed{\times \dfrac{1}{10}} \rightarrow \square$

39 $\dfrac{5}{9} \rightarrow \boxed{\times \dfrac{1}{12}} \rightarrow \square$

40 $\dfrac{14}{15} \rightarrow \boxed{\times \dfrac{1}{22}} \rightarrow \square$

41 $\dfrac{29}{33} \rightarrow \boxed{\times \dfrac{1}{4}} \rightarrow \square$

42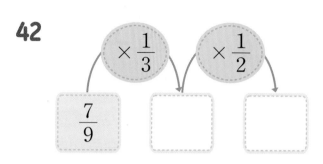

$\dfrac{7}{9} \rightarrow \left(\times \dfrac{1}{3}\right) \rightarrow \square \rightarrow \left(\times \dfrac{1}{2}\right) \rightarrow \square$

43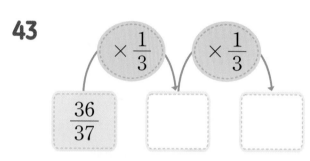

$\dfrac{36}{37} \rightarrow \left(\times \dfrac{1}{3}\right) \rightarrow \square \rightarrow \left(\times \dfrac{1}{3}\right) \rightarrow \square$

44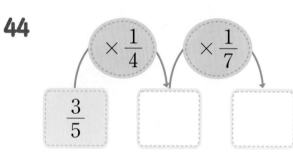

$\dfrac{3}{5} \rightarrow \left(\times \dfrac{1}{4}\right) \rightarrow \square \rightarrow \left(\times \dfrac{1}{7}\right) \rightarrow \square$

45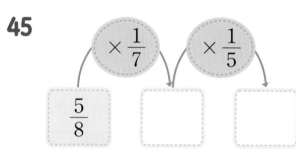

$\dfrac{5}{8} \rightarrow \left(\times \dfrac{1}{7}\right) \rightarrow \square \rightarrow \left(\times \dfrac{1}{5}\right) \rightarrow \square$

46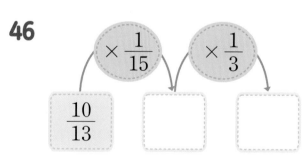

$\dfrac{10}{13} \rightarrow \left(\times \dfrac{1}{15}\right) \rightarrow \square \rightarrow \left(\times \dfrac{1}{3}\right) \rightarrow \square$

비밀번호는 무엇일까요?

석민이네 집의 와이파이 비밀번호는 보기 에 있는 계산을 하여 나타낸 기약분수의 분모를 차례로 이어 붙여 쓴 것입니다. 8자리 수로 이루어진 비밀번호를 구하시오.

석민아! 와이파이 비밀번호 알려줘.

그냥 알려주면 재미없으니까 퀴즈를 낼게! 아래 문제를 풀어봐~

보기

$$① \frac{7}{8} \times \frac{1}{14} \qquad ② \frac{5}{6} \times \frac{1}{9}$$

$$③ \frac{5}{7} \times \frac{1}{8} \qquad ④ \frac{3}{5} \times \frac{1}{2}$$

비밀번호

① ② ③ ④

풀 이

답

교과서 분수의 곱셈

11 (진분수)×(진분수) (1)

공부한 날 월 일

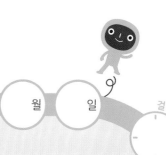

✅ (진분수)×(진분수)의 계산은 분자는 분자끼리, 분모는 분모끼리 곱합니다.

예 $\dfrac{2}{3} \times \dfrac{5}{7} = \dfrac{2 \times 5}{3 \times 7} = \dfrac{10}{21}$

예 $\dfrac{\overset{5}{\cancel{15}}}{\underset{2}{\cancel{16}}} \times \dfrac{\overset{1}{\cancel{8}}}{\underset{3}{\cancel{9}}} = \dfrac{5 \times 1}{2 \times 3} = \dfrac{5}{6}$

약분을 할 때 분모끼리
또는 분자끼리 약분하지
않도록 주의해요.

1~15 계산을 하여 기약분수로 나타내시오.

1 $\dfrac{3}{4} \times \dfrac{5}{6}$

2 $\dfrac{2}{5} \times \dfrac{10}{11}$

3 $\dfrac{2}{9} \times \dfrac{3}{5}$

4 $\dfrac{5}{6} \times \dfrac{2}{15}$

5 $\dfrac{3}{8} \times \dfrac{4}{11}$

6 $\dfrac{2}{7} \times \dfrac{14}{15}$

7 $\dfrac{9}{13} \times \dfrac{2}{5}$

8 $\dfrac{8}{11} \times \dfrac{3}{10}$

9 $\dfrac{2}{3} \times \dfrac{15}{22}$

10 $\dfrac{3}{5} \times \dfrac{20}{23}$

11 $\dfrac{18}{19} \times \dfrac{5}{9}$

12 $\dfrac{6}{25} \times \dfrac{15}{16}$

13 $\dfrac{7}{33} \times \dfrac{11}{14}$

14 $\dfrac{5}{12} \times \dfrac{24}{25}$

15 $\dfrac{14}{39} \times \dfrac{13}{21}$

16~36 계산을 하여 기약분수로 나타내시오.

16 $\dfrac{4}{5} \times \dfrac{7}{8}$

17 $\dfrac{5}{7} \times \dfrac{14}{15}$

18 $\dfrac{3}{5} \times \dfrac{9}{10}$

19 $\dfrac{5}{6} \times \dfrac{12}{29}$

20 $\dfrac{7}{8} \times \dfrac{10}{13}$

21 $\dfrac{8}{21} \times \dfrac{3}{14}$

22 $\dfrac{4}{9} \times \dfrac{2}{3}$

23 $\dfrac{7}{18} \times \dfrac{9}{14}$

24 $\dfrac{6}{11} \times \dfrac{11}{18}$

25 $\dfrac{2}{15} \times \dfrac{21}{40}$

26 $\dfrac{7}{19} \times \dfrac{5}{21}$

27 $\dfrac{11}{15} \times \dfrac{7}{12}$

28 $\dfrac{5}{36} \times \dfrac{9}{20}$

29 $\dfrac{3}{7} \times \dfrac{5}{18}$

30 $\dfrac{4}{15} \times \dfrac{13}{16}$

31 $\dfrac{27}{31} \times \dfrac{17}{36}$

32 $\dfrac{12}{19} \times \dfrac{19}{26}$

33 $\dfrac{20}{33} \times \dfrac{11}{40}$

34 $\dfrac{25}{42} \times \dfrac{21}{40}$

35 $\dfrac{10}{17} \times \dfrac{34}{35}$

36 $\dfrac{45}{56} \times \dfrac{14}{27}$

37

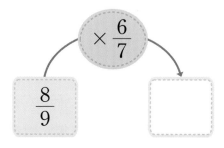

$\frac{8}{9}$ $\times \frac{6}{7}$

38

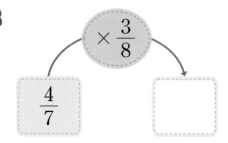

$\frac{4}{7}$ $\times \frac{3}{8}$

39

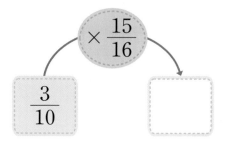

$\frac{3}{10}$ $\times \frac{15}{16}$

40

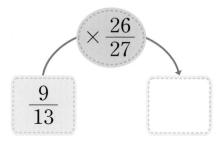

$\frac{9}{13}$ $\times \frac{26}{27}$

41

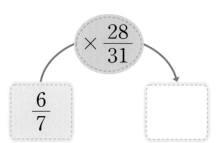

$\frac{6}{7}$ $\times \frac{28}{31}$

42

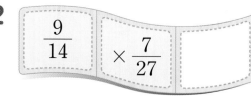

$\frac{9}{14}$ $\times \frac{7}{27}$

43

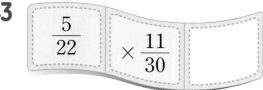

$\frac{5}{22}$ $\times \frac{11}{30}$

44

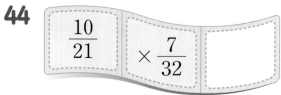

$\frac{10}{21}$ $\times \frac{7}{32}$

45

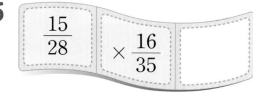

$\frac{15}{28}$ $\times \frac{16}{35}$

46

$\frac{7}{24}$ $\times \frac{48}{53}$

Check! 채점하여 자신의 실력을 확인해 보세요!

맞힌 개수	44개 이상	연산왕! 참 잘했어요!
	32~43개	틀린 문제를 점검해요!
개/46개	31개 이하	차근차근 다시 풀어요!

엄마의 확인 Note 칭찬할 점과 주의할 점을 써주세요!

정답확인

칭찬	
주의	

색칠하기

사방치기의 판 2개를 겹치지 않게 이어 붙여 그렸습니다. 다음 분수의 곱셈 계산 결과를 기약분수로 나타냈을 때 분모가 두 자리 수이면 빨간색, 세 자리 수이면 파란색을 칠합니다. 빨간색과 파란색 중 어느 색을 칠한 부분이 더 넓은지 구하시오.

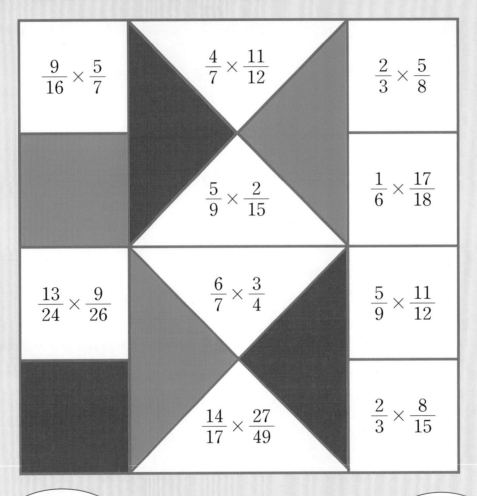

$\dfrac{9}{16} \times \dfrac{5}{7}$

$\dfrac{4}{7} \times \dfrac{11}{12}$

$\dfrac{2}{3} \times \dfrac{5}{8}$

$\dfrac{5}{9} \times \dfrac{2}{15}$

$\dfrac{1}{6} \times \dfrac{17}{18}$

$\dfrac{13}{24} \times \dfrac{9}{26}$

$\dfrac{6}{7} \times \dfrac{3}{4}$

$\dfrac{5}{9} \times \dfrac{11}{12}$

$\dfrac{14}{17} \times \dfrac{27}{49}$

$\dfrac{2}{3} \times \dfrac{8}{15}$

빨간색과 파란색이 이미 색칠되어진 부분이 있어.

이미 색칠되어진 부분도 포함시켜서 넓이를 생각해.

풀 이

답 _____

교과서 분수의 곱셈

12 (진분수)×(진분수) (2)

예 $\dfrac{\overset{1}{\cancel{5}}}{8} \times \dfrac{7}{\underset{2}{\cancel{10}}} = \dfrac{7}{16}$

분자는 분자끼리, 분모는 분모끼리 곱해요.

$\dfrac{\blacktriangle}{\blacksquare} \times \dfrac{\bigstar}{\bullet} = \dfrac{\blacktriangle \times \bigstar}{\blacksquare \times \bullet}$

1~15 계산을 하여 기약분수로 나타내시오.

1 $\dfrac{3}{4} \times \dfrac{6}{7}$

2 $\dfrac{2}{3} \times \dfrac{4}{5}$

3 $\dfrac{2}{5} \times \dfrac{3}{8}$

4 $\dfrac{5}{9} \times \dfrac{4}{7}$

5 $\dfrac{4}{7} \times \dfrac{3}{4}$

6 $\dfrac{7}{10} \times \dfrac{9}{14}$

7 $\dfrac{3}{14} \times \dfrac{5}{9}$

8 $\dfrac{4}{15} \times \dfrac{3}{16}$

9 $\dfrac{10}{21} \times \dfrac{7}{24}$

10 $\dfrac{11}{15} \times \dfrac{3}{8}$

11 $\dfrac{5}{16} \times \dfrac{24}{25}$

12 $\dfrac{2}{9} \times \dfrac{21}{22}$

13 $\dfrac{3}{20} \times \dfrac{6}{17}$

14 $\dfrac{7}{12} \times \dfrac{18}{35}$

15 $\dfrac{11}{12} \times \dfrac{15}{44}$

16~36 계산을 하여 기약분수로 나타내시오.

16 $\dfrac{6}{7} \times \dfrac{5}{6}$

17 $\dfrac{5}{9} \times \dfrac{3}{4}$

18 $\dfrac{2}{3} \times \dfrac{7}{8}$

19 $\dfrac{5}{7} \times \dfrac{3}{10}$

20 $\dfrac{7}{8} \times \dfrac{5}{12}$

21 $\dfrac{6}{13} \times \dfrac{11}{12}$

22 $\dfrac{9}{10} \times \dfrac{5}{18}$

23 $\dfrac{3}{8} \times \dfrac{16}{33}$

24 $\dfrac{9}{14} \times \dfrac{7}{18}$

25 $\dfrac{2}{7} \times \dfrac{6}{13}$

26 $\dfrac{11}{24} \times \dfrac{15}{77}$

27 $\dfrac{4}{15} \times \dfrac{9}{16}$

28 $\dfrac{9}{28} \times \dfrac{12}{17}$

29 $\dfrac{3}{20} \times \dfrac{8}{15}$

30 $\dfrac{17}{32} \times \dfrac{16}{19}$

31 $\dfrac{9}{20} \times \dfrac{5}{12}$

32 $\dfrac{5}{16} \times \dfrac{7}{9}$

33 $\dfrac{4}{15} \times \dfrac{45}{52}$

34 $\dfrac{8}{27} \times \dfrac{3}{10}$

35 $\dfrac{12}{17} \times \dfrac{3}{4}$

36 $\dfrac{21}{44} \times \dfrac{11}{14}$

37

$\dfrac{5}{6}$ → $\times \dfrac{3}{7}$ → ☐

38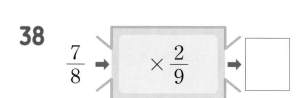

$\dfrac{7}{8}$ → $\times \dfrac{2}{9}$ → ☐

39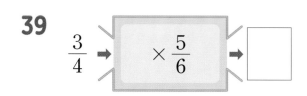

$\dfrac{3}{4}$ → $\times \dfrac{5}{6}$ → ☐

40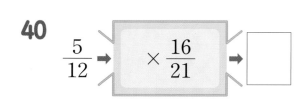

$\dfrac{5}{12}$ → $\times \dfrac{16}{21}$ → ☐

41

$\dfrac{20}{27}$ → $\times \dfrac{3}{10}$ → ☐

42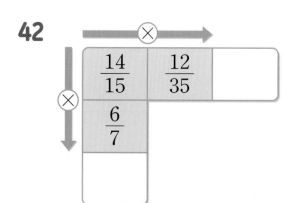

$\dfrac{14}{15}$ | $\dfrac{12}{35}$

$\dfrac{6}{7}$

43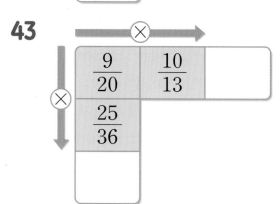

$\dfrac{9}{20}$ | $\dfrac{10}{13}$

$\dfrac{25}{36}$

44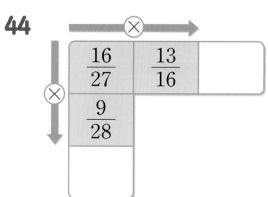

$\dfrac{16}{27}$ | $\dfrac{13}{16}$

$\dfrac{9}{28}$

45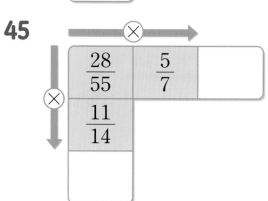

$\dfrac{28}{55}$ | $\dfrac{5}{7}$

$\dfrac{11}{14}$

빙고 놀이

진숙이와 석민이는 빙고 놀이를 하고 있습니다. 빙고 놀이에서 이긴 사람의 이름을 쓰시오.

<빙고 놀이 방법>

1. 가로, 세로 4칸인 놀이판에 분모가 15에서 30까지인 진분수를 자유롭게 적은 다음 진숙이부터 서로 번갈아 가며 수를 말합니다.
2. 자신과 상대방이 말하는 수에 ✕표 합니다.
3. 가로, 세로, 대각선 중 한 줄에 있는 4개의 수에 모두 ✕표 한 경우 '빙고'를 외칩니다.
4. 먼저 '빙고'를 외치는 사람이 이깁니다.

진숙이의 놀이판

$\frac{23}{30}$	$\frac{13}{15}$	$\frac{5}{21}$	✕
✕	$\frac{3}{16}$	✕	$\frac{8}{27}$
$\frac{15}{28}$	$\frac{11}{18}$	$\frac{12}{25}$	✕
✕	✕	$\frac{11}{27}$	$\frac{5}{16}$

진숙: $\frac{5}{6} \times \frac{3}{8}$ 을 계산한 값

석민: $\frac{7}{9} \times \frac{8}{21}$ 을 계산한 값

석민이의 놀이판

$\frac{17}{20}$	$\frac{5}{21}$	✕	✕
✕	$\frac{9}{22}$	$\frac{7}{18}$	$\frac{5}{24}$
✕	✕	$\frac{2}{15}$	$\frac{12}{25}$
$\frac{8}{27}$	$\frac{23}{30}$	$\frac{5}{16}$	✕

풀 이

답

교과서 분수의 곱셈

 (대분수)×(대분수) (1)

✅ (대분수)×(대분수)의 계산은 대분수를 가분수로 바꾸어 약분한 후 분자는 분자끼리, 분모는 분모끼리 곱합니다.

예 $2\dfrac{1}{2} \times 1\dfrac{2}{5} = \dfrac{\overset{1}{\cancel{5}}}{2} \times \dfrac{7}{\underset{1}{\cancel{5}}}$

$= \dfrac{7}{2} = 3\dfrac{1}{2}$

대분수를 자연수 부분과 분수 부분으로 나누어 계산할 수도 있지만 대분수를 모두 가분수로 바꾼 다음 계산하면 더 편리해요.

1~15 계산을 하여 기약분수로 나타내시오.

1 $1\dfrac{2}{3} \times 1\dfrac{1}{5}$

2 $1\dfrac{1}{4} \times 2\dfrac{2}{7}$

3 $1\dfrac{5}{6} \times 1\dfrac{3}{4}$

4 $2\dfrac{2}{5} \times 1\dfrac{3}{7}$

5 $4\dfrac{1}{2} \times 3\dfrac{1}{3}$

6 $4\dfrac{1}{2} \times 1\dfrac{1}{3}$

7 $2\dfrac{5}{6} \times 1\dfrac{1}{2}$

8 $3\dfrac{2}{9} \times 2\dfrac{1}{4}$

9 $1\dfrac{4}{11} \times 2\dfrac{1}{5}$

10 $2\dfrac{1}{6} \times 3\dfrac{2}{5}$

11 $1\dfrac{5}{6} \times 2\dfrac{1}{4}$

12 $1\dfrac{2}{7} \times 1\dfrac{3}{8}$

13 $2\dfrac{1}{4} \times 1\dfrac{2}{9}$

14 $3\dfrac{2}{5} \times 3\dfrac{1}{3}$

15 $1\dfrac{3}{8} \times 2\dfrac{3}{4}$

16 $1\dfrac{1}{5} \times 1\dfrac{3}{7}$

23 $2\dfrac{4}{9} \times 1\dfrac{1}{11}$

30 $9\dfrac{3}{8} \times 1\dfrac{2}{15}$

17 $2\dfrac{3}{4} \times 1\dfrac{1}{2}$

24 $1\dfrac{3}{8} \times 4\dfrac{4}{5}$

31 $6\dfrac{2}{5} \times 2\dfrac{3}{8}$

18 $1\dfrac{1}{3} \times 2\dfrac{2}{5}$

25 $1\dfrac{2}{5} \times 3\dfrac{1}{3}$

32 $2\dfrac{3}{13} \times 2\dfrac{4}{11}$

19 $3\dfrac{5}{7} \times 1\dfrac{1}{13}$

26 $4\dfrac{2}{3} \times 1\dfrac{3}{7}$

33 $1\dfrac{1}{20} \times 1\dfrac{1}{6}$

20 $1\dfrac{3}{4} \times 2\dfrac{1}{3}$

27 $6\dfrac{1}{2} \times 2\dfrac{2}{3}$

34 $1\dfrac{4}{15} \times 4\dfrac{2}{7}$

21 $2\dfrac{5}{8} \times 2\dfrac{2}{7}$

28 $7\dfrac{1}{4} \times 3\dfrac{1}{5}$

35 $5\dfrac{2}{3} \times 1\dfrac{3}{17}$

22 $6\dfrac{3}{11} \times 1\dfrac{1}{6}$

29 $3\dfrac{1}{12} \times 3\dfrac{3}{11}$

36 $3\dfrac{3}{7} \times 2\dfrac{5}{8}$

37~46 두 수의 곱을 기약분수로 나타내어 빈 곳에 써넣으시오.

37
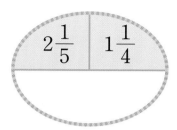

38
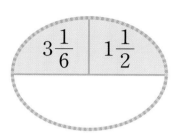

39
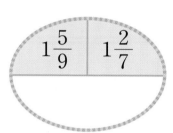

40
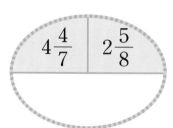

41
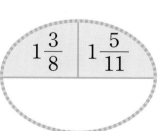

42
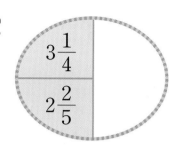

43
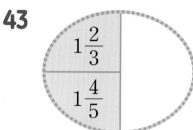

44
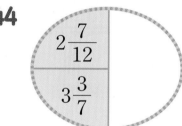

45
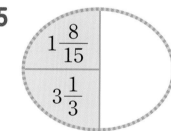

46

홈런왕은 누구일까요?

쏙셈 10권 23일 - 4

이번 달 동유네 학교 야구부 선수들이 친 홈런의 개수를 알아보려고 합니다. 선수들이 말하는
분수의 곱이 선수들의 홈런 개수일 때 홈런을 가장 많이 친 홈런왕의 이름을 알아보시오.

동유: $1\frac{1}{3} \times 4\frac{1}{2}$ 의 곱이 내 홈런 개수야.

규호: 내 홈런 개수는 $1\frac{5}{9} \times 5\frac{1}{7}$ 의 곱이야.

상진: 내 홈런 개수는 $2\frac{1}{2} \times 1\frac{1}{5}$ 의 곱이야.

호석: $1\frac{1}{5} \times 3\frac{1}{3}$ 의 곱이 내 홈런 개수야.

재민: 내 홈런 개수는 $3\frac{1}{3} \times 2\frac{1}{10}$ 의 곱이야.

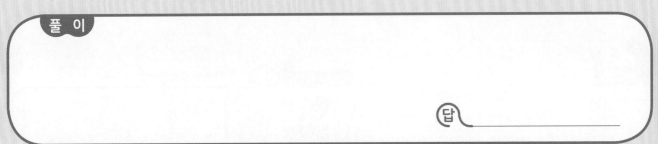

풀 이

답 _____

교과서 분수의 곱셈

14 (대분수)×(대분수) (2)

예 $1\frac{1}{6} \times 1\frac{1}{3} = \frac{7}{\underset{3}{6}} \times \frac{\overset{2}{4}}{3}$

$= \frac{14}{9} = 1\frac{5}{9}$

대분수를 가분수로 바꾸어 약분한 후 분자는 분자끼리, 분모는 분모끼리 곱해요.

1~15 계산을 하여 기약분수로 나타내시오.

1 $1\frac{1}{3} \times 2\frac{1}{2}$

2 $1\frac{1}{5} \times 1\frac{2}{3}$

3 $2\frac{1}{4} \times 1\frac{1}{6}$

4 $1\frac{5}{6} \times 1\frac{5}{7}$

5 $1\frac{1}{8} \times 2\frac{2}{9}$

6 $3\frac{1}{2} \times 1\frac{1}{9}$

7 $1\frac{7}{8} \times 2\frac{3}{10}$

8 $6\frac{3}{4} \times 1\frac{7}{9}$

9 $2\frac{2}{9} \times 3\frac{3}{4}$

10 $1\frac{2}{5} \times 2\frac{5}{6}$

11 $6\frac{2}{11} \times 2\frac{3}{4}$

12 $4\frac{5}{12} \times 1\frac{1}{3}$

13 $2\frac{4}{15} \times 1\frac{3}{8}$

14 $1\frac{6}{17} \times 1\frac{1}{9}$

15 $3\frac{3}{14} \times 2\frac{1}{15}$

16 $2\dfrac{3}{4} \times 2\dfrac{2}{3}$

23 $3\dfrac{2}{5} \times 1\dfrac{3}{7}$

30 $1\dfrac{5}{12} \times 1\dfrac{14}{17}$

17 $1\dfrac{2}{3} \times 1\dfrac{1}{6}$

24 $1\dfrac{1}{4} \times 1\dfrac{1}{15}$

31 $2\dfrac{2}{7} \times 1\dfrac{3}{32}$

18 $1\dfrac{4}{5} \times 1\dfrac{7}{10}$

25 $2\dfrac{4}{9} \times 3\dfrac{6}{7}$

32 $3\dfrac{1}{8} \times 2\dfrac{3}{5}$

19 $2\dfrac{1}{6} \times 1\dfrac{3}{5}$

26 $2\dfrac{6}{13} \times 1\dfrac{5}{8}$

33 $1\dfrac{4}{15} \times 2\dfrac{6}{7}$

20 $1\dfrac{4}{7} \times 2\dfrac{1}{4}$

27 $1\dfrac{5}{9} \times 1\dfrac{1}{2}$

34 $1\dfrac{5}{18} \times 2\dfrac{2}{11}$

21 $1\dfrac{7}{10} \times 3\dfrac{3}{4}$

28 $2\dfrac{1}{6} \times 2\dfrac{2}{3}$

35 $2\dfrac{4}{7} \times 4\dfrac{2}{3}$

22 $2\dfrac{3}{8} \times 3\dfrac{1}{5}$

29 $3\dfrac{1}{4} \times 1\dfrac{3}{5}$

36 $3\dfrac{3}{16} \times 3\dfrac{5}{9}$

37~46 빈 곳에 알맞은 기약분수를 써넣으시오.

37

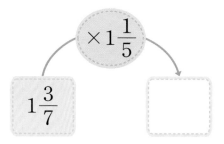

$\times 1\dfrac{1}{5}$

$1\dfrac{3}{7}$ →

38

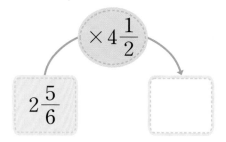

$\times 4\dfrac{1}{2}$

$2\dfrac{5}{6}$ →

39

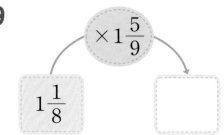

$\times 1\dfrac{5}{9}$

$1\dfrac{1}{8}$ →

40

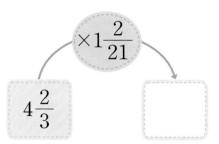

$\times 1\dfrac{2}{21}$

$4\dfrac{2}{3}$ →

41

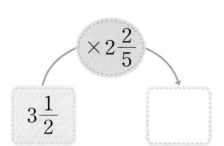

$\times 2\dfrac{2}{5}$

$3\dfrac{1}{2}$ →

42 ⊗→

$1\dfrac{5}{13}$	$1\dfrac{7}{8}$	
$5\dfrac{1}{4}$	$2\dfrac{2}{3}$	

43 ⊗→

$2\dfrac{4}{9}$	$1\dfrac{4}{11}$	
$7\dfrac{1}{2}$	$3\dfrac{1}{3}$	

44 ⊗→

$3\dfrac{6}{7}$	$1\dfrac{5}{18}$	
$4\dfrac{1}{7}$	$1\dfrac{1}{13}$	

45 ⊗→

$5\dfrac{2}{15}$	$2\dfrac{6}{7}$	
$2\dfrac{4}{5}$	$3\dfrac{4}{7}$	

46 ⊗→

$1\dfrac{1}{7}$	$2\dfrac{5}{6}$	
$1\dfrac{5}{9}$	$2\dfrac{1}{3}$	

숨은 그림 찾기

쏙셈 10권 24일 - 4

다음 그림에서 숨은 그림 5개를 모두 찾아 ○표 하시오.

주사기, 잔, 칫솔, 연필, 샌드위치

교과서 분수의 곱셈

15 세 분수의 곱셈 (1)

✔ 세 분수의 곱셈은 분자는 분자끼리, 분모는 분모끼리 곱합니다. 이때 곱셈식에 자연수가 있으면 분자와 자연수를 곱합니다.

예 $1\dfrac{1}{6} \times 5 \times \dfrac{3}{7} = \dfrac{\overset{1}{\cancel{7}}}{\underset{2}{\cancel{6}}} \times 5 \times \dfrac{\overset{1}{\cancel{3}}}{\underset{1}{\cancel{7}}}$

$= \dfrac{5}{2} = 2\dfrac{1}{2}$

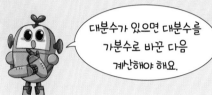

대분수가 있으면 대분수를 가분수로 바꾼 다음 계산해야 해요.

1~10 계산을 하여 기약분수로 나타내시오.

1 $\dfrac{1}{3} \times \dfrac{1}{4} \times \dfrac{2}{5}$

6 $\dfrac{2}{7} \times 14 \times 1\dfrac{3}{4}$

2 $\dfrac{1}{2} \times \dfrac{5}{6} \times \dfrac{3}{7}$

7 $1\dfrac{5}{8} \times \dfrac{4}{7} \times 2\dfrac{1}{6}$

3 $\dfrac{1}{9} \times \dfrac{6}{7} \times \dfrac{1}{8}$

8 $\dfrac{6}{11} \times 1\dfrac{2}{9} \times 3\dfrac{1}{2}$

4 $\dfrac{3}{10} \times \dfrac{4}{5} \times 15$

9 $\dfrac{12}{13} \times \dfrac{4}{9} \times 1\dfrac{3}{8}$

5 $\dfrac{4}{9} \times 1\dfrac{2}{3} \times \dfrac{7}{8}$

10 $2\dfrac{1}{2} \times 4\dfrac{1}{5} \times 1\dfrac{5}{6}$

11 $\dfrac{5}{6} \times \dfrac{3}{7} \times \dfrac{7}{8}$

18 $1\dfrac{1}{8} \times 16 \times 2\dfrac{1}{4}$

곱셈식에 자연수가 있으면 분자와 자연수를 곱해요.

12 $\dfrac{1}{5} \times 4 \times \dfrac{5}{7}$

19 $2\dfrac{5}{7} \times \dfrac{3}{4} \times 1\dfrac{5}{9}$

13 $\dfrac{3}{4} \times \dfrac{2}{3} \times 1\dfrac{1}{6}$

20 $\dfrac{9}{16} \times \dfrac{8}{15} \times 1\dfrac{1}{14}$

14 $\dfrac{7}{15} \times \dfrac{5}{22} \times 1\dfrac{5}{6}$

21 $7\dfrac{1}{3} \times 12 \times 4\dfrac{1}{2}$

15 $6 \times 1\dfrac{1}{4} \times \dfrac{9}{10}$

22 $6 \times 2\dfrac{5}{8} \times \dfrac{7}{12}$

16 $1\dfrac{3}{7} \times \dfrac{3}{4} \times \dfrac{5}{6}$

23 $3\dfrac{3}{5} \times 1\dfrac{1}{6} \times 2\dfrac{2}{3}$

17 $\dfrac{1}{10} \times \dfrac{3}{8} \times 1\dfrac{1}{9}$

24 $2\dfrac{6}{7} \times 3\dfrac{1}{4} \times 1\dfrac{4}{15}$

25

$$\frac{3}{5} \quad \times\frac{1}{6} \quad \times\frac{1}{4} \quad \square$$

26

$$1\frac{3}{4} \quad \times\frac{1}{2} \quad \times\frac{4}{5} \quad \square$$

27

$$\frac{8}{15} \quad \times 3\frac{1}{8} \quad \times 24 \quad \square$$

28

$$\frac{5}{6} \quad \times 1\frac{2}{13} \quad \times 3\frac{9}{10} \quad \square$$

29

$$4\frac{1}{6} \quad \times 1\frac{2}{7} \quad \times \frac{14}{15} \quad \square$$

30

$$1\frac{8}{9} \quad \times 12 \quad \times 1\frac{1}{2} \quad \square$$

31

$$\frac{6}{7} \quad \times 1\frac{2}{5} \quad \times 14 \quad \square$$

32

$$3\frac{3}{4} \quad \times 4\frac{2}{3} \quad \times 1\frac{2}{7} \quad \square$$

33

$$8\frac{1}{3} \quad \times 3\frac{1}{4} \quad \times 1\frac{1}{13} \quad \square$$

34

$$1\frac{7}{20} \quad \times \frac{5}{9} \quad \times \frac{3}{4} \quad \square$$

마무리 연산 퍼즐 길 찾기

괴물들이 몬스터 왕국으로 가려고 합니다. 길을 따라가서 만나는 세 수의 곱이 □ 안의 수가 될 때 길을 찾아 선으로 이어 보시오.

1

$1\frac{1}{8}$ →

- 16　$\frac{3}{4}$
- $2\frac{1}{2}$　$\frac{7}{10}$
- $\frac{8}{13}$　$3\frac{1}{4}$

→ $2\frac{1}{4}$

서둘러!

2

$\frac{6}{7}$ →

- $\frac{14}{15}$　$1\frac{1}{3}$
- $2\frac{1}{10}$　$\frac{7}{12}$
- $\frac{5}{18}$　21

→ $1\frac{1}{20}$

대분수는 반드시 가분수로 바꾼 다음 계산해!

3

$2\frac{1}{4}$ →

- $2\frac{2}{3}$　$\frac{8}{9}$
- 12　$1\frac{5}{6}$
- $1\frac{1}{7}$　$3\frac{2}{11}$

→ $5\frac{1}{3}$

계산 실수가 없도록 차근차근 풀어!

교과서 분수의 곱셈

16 세 분수의 곱셈 (2)

예 $\dfrac{1}{4} \times \dfrac{4}{5} \times 1\dfrac{3}{7} = \dfrac{1}{\overset{}{\underset{1}{4}}} \times \dfrac{\overset{1}{4}}{\underset{1}{5}} \times \dfrac{\overset{2}{10}}{7}$

$= \dfrac{2}{7}$

분자는 분자끼리, 분모는 분모끼리 곱해요.

1~10 계산을 하여 기약분수로 나타내시오.

1 $\dfrac{1}{5} \times \dfrac{1}{4} \times \dfrac{5}{7}$

6 $\dfrac{3}{4} \times \dfrac{1}{2} \times 12$

2 $\dfrac{1}{6} \times \dfrac{2}{3} \times \dfrac{3}{4}$

7 $1\dfrac{1}{5} \times 35 \times \dfrac{7}{10}$

3 $\dfrac{3}{8} \times \dfrac{1}{3} \times \dfrac{5}{6}$

8 $\dfrac{5}{6} \times \dfrac{6}{7} \times 1\dfrac{3}{8}$

4 $\dfrac{1}{9} \times \dfrac{1}{6} \times 1\dfrac{2}{7}$

9 $2 \times 3\dfrac{1}{2} \times 5\dfrac{1}{6}$

5 $2\dfrac{5}{8} \times 1\dfrac{2}{3} \times 16$

10 $1\dfrac{2}{5} \times 2\dfrac{1}{14} \times 3\dfrac{1}{2}$

11 $\dfrac{3}{10} \times \dfrac{5}{6} \times \dfrac{3}{7}$

18 $27 \times \dfrac{8}{9} \times \dfrac{7}{8}$

12 $\dfrac{1}{9} \times \dfrac{3}{5} \times \dfrac{1}{2}$

19 $\dfrac{7}{10} \times 2\dfrac{1}{7} \times 1\dfrac{13}{15}$

13 $\dfrac{5}{12} \times \dfrac{1}{6} \times 10$

20 $2\dfrac{4}{5} \times 16 \times 3\dfrac{1}{8}$

14 $\dfrac{2}{3} \times 1\dfrac{1}{4} \times 1\dfrac{3}{5}$

대분수를 가분수로 바꾼 다음 계산해요.

21 $3\dfrac{3}{5} \times 2\dfrac{1}{3} \times 1\dfrac{7}{9}$

15 $1\dfrac{5}{6} \times 3\dfrac{1}{2} \times 24$

22 $\dfrac{2}{9} \times 3\dfrac{4}{7} \times \dfrac{14}{15}$

16 $2\dfrac{2}{9} \times 12 \times 1\dfrac{1}{6}$

23 $\dfrac{13}{18} \times 3\dfrac{1}{4} \times 2\dfrac{1}{13}$

17 $\dfrac{3}{4} \times 1\dfrac{5}{6} \times \dfrac{5}{9}$

24 $32 \times \dfrac{3}{8} \times 6\dfrac{1}{3}$

25

$$\frac{5}{6} \quad \times \frac{8}{9} \quad \times \frac{3}{4} \quad \boxed{}$$

26

$$\frac{1}{12} \quad \times \frac{6}{7} \quad \times 1\frac{3}{11} \quad \boxed{}$$

27

$$\frac{9}{20} \quad \times \frac{7}{12} \quad \times 18 \quad \boxed{}$$

28

$$1\frac{3}{10} \quad \times \frac{6}{13} \quad \times 1\frac{1}{4} \quad \boxed{}$$

29

$$2\frac{2}{5} \quad \times 1\frac{1}{6} \quad \times 2\frac{5}{8} \quad \boxed{}$$

30
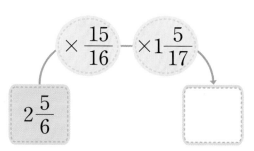

$$2\frac{5}{6} \quad \times \frac{15}{16} \quad \times 1\frac{5}{17} \quad \boxed{}$$

31
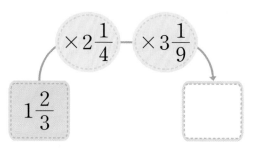

$$1\frac{2}{3} \quad \times 2\frac{1}{4} \quad \times 3\frac{1}{9} \quad \boxed{}$$

32
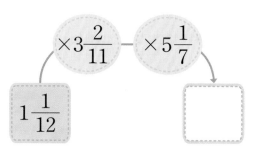

$$1\frac{1}{12} \quad \times 3\frac{2}{11} \quad \times 5\frac{1}{7} \quad \boxed{}$$

33
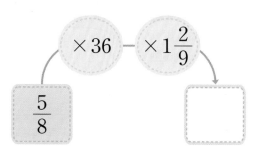

$$\frac{5}{8} \quad \times 36 \quad \times 1\frac{2}{9} \quad \boxed{}$$

34
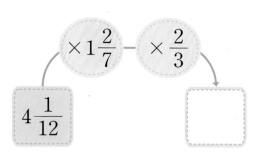

$$4\frac{1}{12} \quad \times 1\frac{2}{7} \quad \times \frac{2}{3} \quad \boxed{}$$

왜 영국 판사들은 재판 때 가발을 썼을까?

쏙셈 10권 26일 - 4

교과서 분수의 곱셈

단원 마무리 연산!

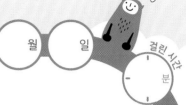

여러 가지 연산 문제로
단원을 마무리하여
연산왕에 도전해 보세요.

공부한 날   월   일

걸린 시간   분

1~18 계산을 하여 기약분수로 나타내시오.

1 $\dfrac{3}{4} \times 3$

2 $\dfrac{5}{12} \times 8$

3 $\dfrac{9}{16} \times 6$

4 $3\dfrac{1}{6} \times 4$

5 $6\dfrac{2}{3} \times 9$

6 $4\dfrac{7}{8} \times 6$

7 $15 \times \dfrac{8}{9}$

8 $20 \times \dfrac{4}{5}$

9 $5 \times 3\dfrac{1}{2}$

10 $12 \times 1\dfrac{9}{14}$

11 $6 \times 1\dfrac{3}{8}$

12 $14 \times 3\dfrac{4}{7}$

13 $\dfrac{1}{2} \times \dfrac{1}{7}$

14 $\dfrac{1}{9} \times \dfrac{1}{8}$

15 $\dfrac{2}{3} \times \dfrac{1}{13}$

16 $\dfrac{5}{8} \times \dfrac{4}{15}$

17 $\dfrac{10}{21} \times \dfrac{7}{15}$

18 $\dfrac{7}{20} \times \dfrac{5}{16}$

19 $2\dfrac{4}{5} \times 1\dfrac{2}{3}$

26 $5\dfrac{1}{3} \times 1\dfrac{3}{8}$

33 $\dfrac{1}{4} \times \dfrac{1}{2} \times \dfrac{1}{5}$

20 $1\dfrac{3}{8} \times 2\dfrac{1}{5}$

27 $1\dfrac{3}{4} \times 2\dfrac{2}{3}$

34 $\dfrac{5}{6} \times 3\dfrac{3}{4} \times 4$

21 $2\dfrac{5}{6} \times 1\dfrac{5}{9}$

28 $1\dfrac{2}{3} \times 5\dfrac{2}{11}$

35 $\dfrac{14}{15} \times \dfrac{3}{7} \times 1\dfrac{3}{5}$

22 $3\dfrac{3}{7} \times 1\dfrac{7}{9}$

29 $2\dfrac{1}{10} \times 3\dfrac{1}{7}$

36 $1\dfrac{1}{6} \times 12 \times \dfrac{4}{7}$

23 $4\dfrac{1}{2} \times 1\dfrac{4}{7}$

30 $\dfrac{7}{8} \times \dfrac{2}{3} \times \dfrac{5}{14}$

37 $\dfrac{9}{11} \times \dfrac{9}{16} \times \dfrac{4}{9}$

24 $3\dfrac{1}{7} \times 4\dfrac{1}{12}$

31 $\dfrac{4}{5} \times \dfrac{5}{12} \times \dfrac{7}{8}$

38 $1\dfrac{3}{4} \times 4\dfrac{1}{6} \times 2\dfrac{2}{5}$

25 $2\dfrac{3}{5} \times 2\dfrac{3}{13}$

32 $\dfrac{5}{9} \times \dfrac{4}{5} \times \dfrac{6}{7}$

39 $2\dfrac{3}{11} \times 33 \times 1\dfrac{2}{3}$

40~50 빈 곳에 알맞은 기약분수를 써넣으시오.

40 $\times$

$\dfrac{5}{8}$	20	
$\dfrac{7}{9}$	33	

41 $\times$

$2\dfrac{3}{4}$	16	
$3\dfrac{1}{6}$	9	

42 $\times$

32	$\dfrac{5}{12}$	
28	$\dfrac{7}{8}$	

43 $\times$

5	$4\dfrac{2}{3}$	
12	$1\dfrac{4}{15}$	

44 $\times$

$\dfrac{1}{5}$	$\dfrac{1}{8}$	
$\dfrac{3}{4}$	$\dfrac{8}{9}$	

45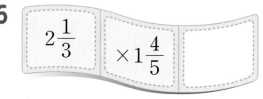

$1\dfrac{5}{6}$ $\times 3\dfrac{3}{4}$ □

46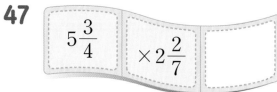

$2\dfrac{1}{3}$ $\times 1\dfrac{4}{5}$ □

47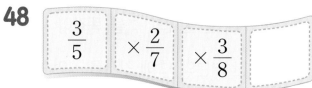

$5\dfrac{3}{4}$ $\times 2\dfrac{2}{7}$ □

48

$\dfrac{3}{5}$ $\times \dfrac{2}{7}$ $\times \dfrac{3}{8}$ □

49

$\dfrac{10}{17}$ $\times 2\dfrac{2}{5}$ $\times 1\dfrac{5}{6}$ □

50

28 $\times \dfrac{7}{16}$ $\times 1\dfrac{1}{14}$ □

51

컵 한 개에 물이 $\frac{4}{7}$ L씩 들어 있습니다. 컵 35개에 들어 있는 물은 모두 몇 L입니까?

식 _____

답 _____

52

가로가 $4\frac{1}{3}$ cm, 세로가 $1\frac{7}{8}$ cm인 직사각형의 넓이는 몇 cm^2입니까?

식 _____

답 _____

53

정우네 밭 전체의 $\frac{1}{2}$을 똑같이 세 부분으로 나눈 다음 그중에서 한 부분의 $\frac{4}{5}$에 감자를 심었습니다. 감자를 심은 부분은 정우네 밭 전체의 몇 분의 몇입니까?

식 _____

답 _____

실력 Check! 채점하여 자신의 실력을 확인해 보세요!

맞힌 개수	51개 이상	연산왕! 참 잘했어요!
	37~50개	틀린 문제를 점검해요!
개/53개	36개 이하	차근차근 다시 풀어요!

엄마의 확인 **Note** 칭찬할 점과 주의할 점을 써주세요!

정답확인 | 칭찬 |
| 주의 |

쑥셈 10권 **27일** - 4

교과서 소수의 곱셈

1 (1보다 작은 소수)×(자연수) (1)

공부한 날 월 일

☑ (1보다 작은 소수) × (자연수)의 계산은 자연수의 곱셈을 한 다음 곱해지는 수의 소수점의 위치에 맞추어 곱의 결과에 소수점을 찍습니다.

예

$6 \times 4 = 24$

$\frac{1}{10}$배 $\frac{1}{10}$배

$0.6 \times 4 = 2.4$

$$\begin{array}{r} 6 \\ \times\ 4 \\ \hline 2\ 4 \end{array} \Rightarrow \begin{array}{r} 0.6 \\ \times\quad 4 \\ \hline 2.4 \end{array}$$

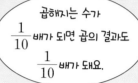

곱해지는 수가 $\frac{1}{10}$배가 되면 곱의 결과도 $\frac{1}{10}$배가 돼요.

1~12 계산을 하시오.

1
$$\begin{array}{r} 0.3 \\ \times\quad 5 \\ \hline \end{array}$$

2
$$\begin{array}{r} 0.9 \\ \times\quad 2 \\ \hline \end{array}$$

3
$$\begin{array}{r} 0.7 \\ \times\quad 3 \\ \hline \end{array}$$

4
$$\begin{array}{r} 0.3 \\ \times\ 1\ 1 \\ \hline \end{array}$$

5
$$\begin{array}{r} 0.4 \\ \times\quad 8 \\ \hline \end{array}$$

6
$$\begin{array}{r} 0.6 \\ \times\quad 3 \\ \hline \end{array}$$

7
$$\begin{array}{r} 0.5 \\ \times\quad 4 \\ \hline \end{array}$$

8
$$\begin{array}{r} 0.8 \\ \times\ 1\ 4 \\ \hline \end{array}$$

9
$$\begin{array}{r} 0.7 \\ \times\quad 4 \\ \hline \end{array}$$

10
$$\begin{array}{r} 0.2 \\ \times\quad 7 \\ \hline \end{array}$$

11
$$\begin{array}{r} 0.8 \\ \times\quad 5 \\ \hline \end{array}$$

12
$$\begin{array}{r} 0.6 \\ \times\ 1\ 4 \\ \hline \end{array}$$

정답서 대로 자르세요

13~38 계산을 하시오.

13
$$\begin{array}{r} 0.2 \\ \times\ \ 9 \\ \hline \end{array}$$

14
$$\begin{array}{r} 0.6 \\ \times\ \ 7 \\ \hline \end{array}$$

15
$$\begin{array}{r} 0.8 \\ \times\ \ 3 \\ \hline \end{array}$$

16
$$\begin{array}{r} 0.4 \\ \times\ \ 3 \\ \hline \end{array}$$

17
$$\begin{array}{r} 0.9 \\ \times\ \ 7 \\ \hline \end{array}$$

18
$$\begin{array}{r} 0.2 \\ \times\ 1\,4 \\ \hline \end{array}$$

19
$$\begin{array}{r} 0.7 \\ \times\ \ 8 \\ \hline \end{array}$$

20
$$\begin{array}{r} 0.5 \\ \times\ \ 7 \\ \hline \end{array}$$

21
$$\begin{array}{r} 0.4 \\ \times\ \ 2 \\ \hline \end{array}$$

22
$$\begin{array}{r} 0.6\,3 \\ \times\ \ \ 5 \\ \hline \end{array}$$

23
$$\begin{array}{r} 0.2\,8 \\ \times\ \ \ 6 \\ \hline \end{array}$$

24
$$\begin{array}{r} 0.7 \\ \times\ 3\,6 \\ \hline \end{array}$$

25
$$\begin{array}{r} 0.9 \\ \times\ \ 4 \\ \hline \end{array}$$

26
$$\begin{array}{r} 0.7 \\ \times\ \ 5 \\ \hline \end{array}$$

27
$$\begin{array}{r} 0.2 \\ \times\ 1\,6 \\ \hline \end{array}$$

28
$$\begin{array}{r} 0.5 \\ \times\ 1\,2 \\ \hline \end{array}$$

29
$$\begin{array}{r} 0.3 \\ \times\ 1\,3 \\ \hline \end{array}$$

30
$$\begin{array}{r} 0.4 \\ \times\ 2\,2 \\ \hline \end{array}$$

31 0.5×3

32 0.2×6

33 0.6×8

34 0.7×2

35 0.8×7

36 0.35×9

37 0.9×18

38 0.2×26

39

×		
0.2	5	
0.6	6	

40

×		
0.3	3	
0.8	8	

41

×		
0.8	9	
0.4	6	

42

×		
0.3	7	
0.42	9	

43

×		
0.4	18	
0.15	5	

비밀번호는 무엇일까요?

공항 와이파이의 비밀번호는 보기에 있는 계산 결과의 소수 첫째 자리 숫자를 차례로 쓴 것입니다. 비밀번호를 구하시오.

우리가 여행할 곳의 유명한 음식을 검색해 볼까?

우선 와이파이 비밀번호부터 알아보자!

보기

① 0.9 × 8   ② 0.4 × 9

③ 0.3 × 6   ④ 0.5 × 5

비밀번호

①   ②   ③   ④

풀이

답 _____

교과서 소수의 곱셈

② (1보다 작은 소수)×(자연수) (2)

공부한 날 월 일

예 $0.8 \times 7 = 5.6$
$8 \times 7 = 56$

예 $0.39 \times 2 = 0.78$
$39 \times 2 = 78$

자연수의 곱셈을 한 다음 곱해지는 수의 소수점의 위치에 맞추어 곱의 결과에 소수점을 찍어요.

1~12 계산을 하시오.

1
```
    0. 4
 ×    3
```

2
```
    0. 6
 ×    8
```

3
```
    0. 3
 ×    9
```

4
```
    0. 6
 ×  1 2
```

5
```
    0. 9
 ×    6
```

6
```
    0. 7
 ×    7
```

7
```
    0. 4
 ×    6
```

8
```
    0. 7
 ×  2 3
```

9
```
    0. 6
 ×    4
```

10
```
    0. 8
 ×    9
```

11
```
    0. 3
 ×    4
```

12
```
    0. 9
 ×  1 4
```

13 0.7×3

21 0.5×9

29 0.38×7

14 0.2×4

22 0.69×4

30 0.2×32

15 0.4×8

23 0.12×8

31 0.4×24

16 0.5×6

24 0.4×28

32 0.5×22

17 0.6×27

25 0.27×8

33 0.93×4

18 0.9×19

26 0.6×9

34 0.66×7

19 0.5×2

27 0.33×5

35 0.53×5

20 0.8×2

28 0.56×4

36 0.71×8

37

0.2 → $\times 24$ → ☐

42

0.32 $\times 2$ ☐

38

0.3 → $\times 15$ → ☐

43

0.7 $\times 9$ ☐

39

0.4 → $\times 11$ → ☐

44

0.61 $\times 3$ ☐

40

0.18 → $\times 8$ → ☐

45

0.9 $\times 29$ ☐

41

0.92 → $\times 7$ → ☐

46

0.5 $\times 16$ ☐

미로 찾기

승훈이는 가족과 함께 외할머니댁에 가려고 합니다. 길을 찾아 선으로 이어 보시오.

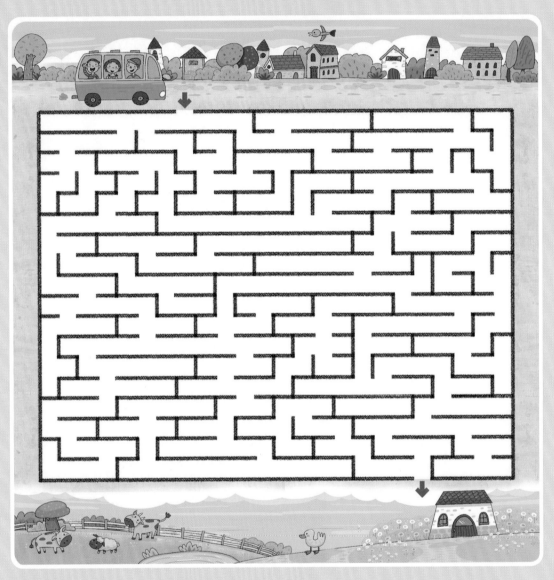

교과서 소수의 곱셈

3 (1보다 큰 소수)×(자연수) (1)

☑ (1보다 큰 소수)×(자연수)의 계산은 자연수의 곱셈을 한 다음 곱해지는 수의 소수점의 위치에 맞추어 곱의 결과에 소수점을 찍습니다.

예 $324 \times 3 = 972$

$\downarrow \frac{1}{100}$배 $\quad \downarrow \frac{1}{100}$배

$3.24 \times 3 = 9.72$

$$\begin{array}{r} 3\ 2\ 4 \\ \times \quad\ 3 \\ \hline 9\ 7\ 2 \end{array} \Rightarrow \begin{array}{r} 3.2\ 4 \\ \times \quad\ 3 \\ \hline 9.7\ 2 \end{array}$$

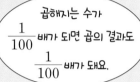

곱해지는 수가 $\frac{1}{100}$배가 되면 곱의 결과도 $\frac{1}{100}$배가 돼요.

1~12 계산을 하시오.

1
$$\begin{array}{r} 5.\ 3 \\ \times \qquad 7 \\ \hline \end{array}$$

2
$$\begin{array}{r} 2.\ 8 \\ \times \qquad 4 \\ \hline \end{array}$$

3
$$\begin{array}{r} 6.\ 1 \\ \times \qquad 3 \\ \hline \end{array}$$

4
$$\begin{array}{r} 5.\ 3 \\ \times \quad 1\ 5 \\ \hline \end{array}$$

5
$$\begin{array}{r} 4.\ 6 \\ \times \qquad 2 \\ \hline \end{array}$$

6
$$\begin{array}{r} 2.\ 9\ 2 \\ \times \qquad 9 \\ \hline \end{array}$$

7
$$\begin{array}{r} 3.\ 5\ 7 \\ \times \qquad 8 \\ \hline \end{array}$$

8
$$\begin{array}{r} 3.\ 6 \\ \times \quad 2\ 3 \\ \hline \end{array}$$

9
$$\begin{array}{r} 4.\ 3\ 4 \\ \times \qquad 5 \\ \hline \end{array}$$

10
$$\begin{array}{r} 8.\ 9\ 3 \\ \times \qquad 3 \\ \hline \end{array}$$

11
$$\begin{array}{r} 1.\ 2\ 5 \\ \times \qquad 9 \\ \hline \end{array}$$

12
$$\begin{array}{r} 7.\ 2\ 6 \\ \times \quad 1\ 2 \\ \hline \end{array}$$

13
$$\begin{array}{r} 4.7 \\ \times3 \\ \hline \end{array}$$

14
$$\begin{array}{r} 6.3 \\ \times5 \\ \hline \end{array}$$

15
$$\begin{array}{r} 2.2 \\ \times8 \\ \hline \end{array}$$

16
$$\begin{array}{r} 5.8 \\ \times7 \\ \hline \end{array}$$

17
$$\begin{array}{r} 7.4 \\ \times9 \\ \hline \end{array}$$

18
$$\begin{array}{r} 1.5 \\ \times\,2\,3 \\ \hline \end{array}$$

19
$$\begin{array}{r} 3.9 \\ \times\,1\,6 \\ \hline \end{array}$$

20
$$\begin{array}{r} 4.8 \\ \times\,1\,2 \\ \hline \end{array}$$

21
$$\begin{array}{r} 2.6 \\ \times\,2\,4 \\ \hline \end{array}$$

22
$$\begin{array}{r} 1.6\,5 \\ \times5 \\ \hline \end{array}$$

23
$$\begin{array}{r} 3.2\,7 \\ \times\,1\,4 \\ \hline \end{array}$$

24
$$\begin{array}{r} 2.4\,1 \\ \times8 \\ \hline \end{array}$$

25
$$\begin{array}{r} 5.9\,1 \\ \times7 \\ \hline \end{array}$$

26
$$\begin{array}{r} 7.1\,2 \\ \times6 \\ \hline \end{array}$$

27
$$\begin{array}{r} 4.5\,3 \\ \times\,1\,9 \\ \hline \end{array}$$

28
$$\begin{array}{r} 6.9\,2 \\ \times2 \\ \hline \end{array}$$

29
$$\begin{array}{r} 7.9\,5 \\ \times3 \\ \hline \end{array}$$

30
$$\begin{array}{r} 2.4\,7 \\ \times\,3\,6 \\ \hline \end{array}$$

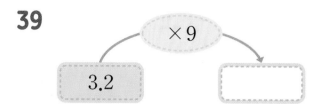

31 1.8×7

32 2.5×3

33 7.6×4

34 5.7×22

35 4.3×11

36 3.92×9

37 6.18×6

38 7.37×15

39

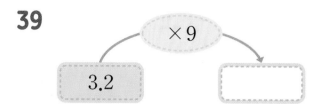

$\times 9$ / 3.2

40

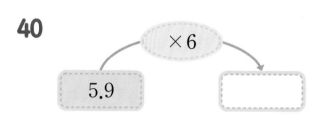

$\times 6$ / 5.9

41

$\times 13$ / 4.7

42

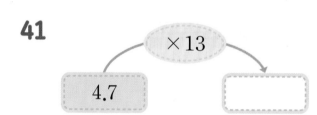

$\times 8$ / 5.05

43

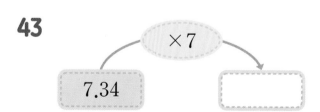

$\times 7$ / 7.34

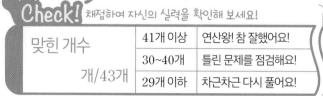

빙고 놀이

민아와 재호는 빙고 놀이를 하고 있습니다. 빙고 놀이에서 이긴 사람의 이름을 쓰시오.

<빙고 놀이 방법>

1. 가로, 세로 4칸인 놀이판에 10보다 크고 20보다 작은 소수 한 자리 수를 자유롭게 적은 다음 민아부터 서로 번갈아 가며 수를 말합니다.
2. 자신과 상대방이 말하는 수에 ✕표 합니다.
3. 가로, 세로, 대각선 중 한 줄에 있는 4개의 수에 모두 ✕표 한 경우 '빙고'를 외칩니다.
4. 먼저 '빙고'를 외치는 사람이 이깁니다.

민아의 놀이판

11.8	✕	16.2	✕
12.6	15.5	✕	19.2
✕	18.2	✕	12.9
14.8	✕	12.3	16.8

재호의 놀이판

✕	13.5	✕	12.8
11.6	14.8	18.6	✕
12.3	16.2	✕	19.5
✕	15.9	11.8	✕

내가 말할 수는 2.7×6을 계산한 값이야.

민아

내가 말할 수는 4.1×3을 계산한 값이야.

재호

풀 이

답

교과서 **소수의 곱셈**

4 (1보다 큰 소수)×(자연수) (2)

예 $4.1 \times 5 = 20.5$
  $41 \times 5 = 205$

예 $1.67 \times 4 = 6.68$
  $167 \times 4 = 668$

자연수의 곱셈을 한 다음 곱해지는 수의 소수점의 위치에 맞추어 곱의 결과에 소수점을 찍습니다.

1~12 계산을 하시오.

1
```
    2. 7
×     3
```

2
```
    5. 4
×     6
```

3
```
    8. 3
×     5
```

4
```
    4. 9
×   2 8
```

5
```
    9. 1
×     7
```

6
```
    6. 6
×     2
```

7
```
  2. 5 4
×     9
```

8
```
  6. 0 2
×   1 3
```

9
```
  1. 6 9
×     6
```

10
```
  3. 7 2
×     4
```

11
```
  1. 4 8
×     8
```

12
```
  2. 3 1
×   3 4
```

13 2.7×2

14 9.4×6

15 1.4×8

16 5.5×7

17 6.2×9

18 3.7×3

19 4.6×28

20 7.3×15

21 5.9×43

22 1.48×32

23 4.17×16

24 2.69×27

25 3.4×4

26 9.5×5

27 2.8×3

28 4.7×18

29 7.2×42

30 6.13×7

31 8.45×13

32 3.67×21

33 5.91×8

34 2.09×24

35 1.5×35

36 3.2×27

37

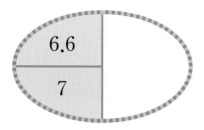

6.6
7

42

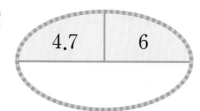

4.7 | 6

38

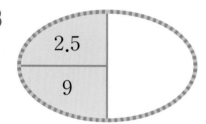

2.5
9

43

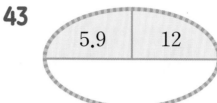

5.9 | 12

39

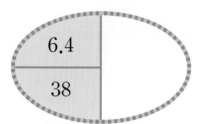

6.4
38

44

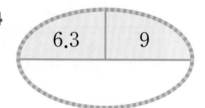

6.3 | 9

40

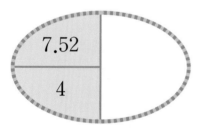

7.52
4

45

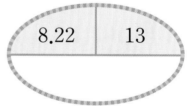

8.22 | 13

41

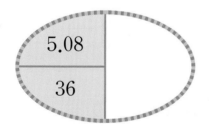

5.08
36

46

5.34 | 4

Check! 채점하여 자신의 실력을 확인해 보세요!

맞힌 개수	44개 이상	연산왕! 참 잘했어요!
	33~43개	틀린 문제를 점검해요!
개/46개	32개 이하	차근차근 다시 풀어요!

엄마의 확인 Note 칭찬할 점과 주의할 점을 써주세요!

| 정답확인 | | 칭찬 | |
| | | 주의 | |

쏙셈 10권 31일 - 3

다른 그림 찾기

아래 사진에서 위 사진과 다른 부분 5군데를 모두 찾아 ○표 하시오.

정답

교과서 소수의 곱셈

5 (자연수)×(1보다 작은 소수) (1)

✔ (자연수)×(1보다 작은 소수)의 계산은 자연수의 곱셈을 한 다음 곱하는 수의 소수점의 위치에 맞추어 곱의 결과에 소수점을 찍습니다.

예

$2 \times 8 = 16$

$\frac{1}{10}$배 $\frac{1}{10}$배

$2 \times 0.8 = 1.6$

$$\begin{array}{r} 2 \\ \times\ 8 \\ \hline 1\ 6 \end{array} \Rightarrow \begin{array}{r} 2 \\ \times\ 0.8 \\ \hline 1.6 \end{array}$$

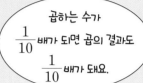

곱하는 수가 $\frac{1}{10}$배가 되면 곱의 결과도 $\frac{1}{10}$배가 돼요.

1~12 계산을 하시오.

1
$$\begin{array}{r} 3 \\ \times\ 0.9 \\ \hline \end{array}$$

5
$$\begin{array}{r} 2\ 4 \\ \times\ 0.6 \\ \hline \end{array}$$

9
$$\begin{array}{r} 4\ 3 \\ \times\ 0.4 \\ \hline \end{array}$$

2
$$\begin{array}{r} 6 \\ \times\ 0.7 \\ \hline \end{array}$$

6
$$\begin{array}{r} 1\ 7 \\ \times\ 0.5 \\ \hline \end{array}$$

10
$$\begin{array}{r} 8\ 7 \\ \times\ 0.2 \\ \hline \end{array}$$

3
$$\begin{array}{r} 5 \\ \times\ 0.3 \\ \hline \end{array}$$

7
$$\begin{array}{r} 2\ 5 \\ \times\ 0.9 \\ \hline \end{array}$$

11
$$\begin{array}{r} 6\ 5 \\ \times\ 0.9 \\ \hline \end{array}$$

4
$$\begin{array}{r} 4 \\ \times\ 0.3\ 8 \\ \hline \end{array}$$

8
$$\begin{array}{r} 3\ 7 \\ \times\ 0.4\ 2 \\ \hline \end{array}$$

12
$$\begin{array}{r} 2\ 6 \\ \times\ 0.1\ 1 \\ \hline \end{array}$$

13~38 계산을 하시오.

13
$$\begin{array}{r} 7 \\ \times\ 0.7 \\ \hline \end{array}$$

14
$$\begin{array}{r} 9 \\ \times\ 0.3 \\ \hline \end{array}$$

15
$$\begin{array}{r} 8 \\ \times\ 0.6 \\ \hline \end{array}$$

16
$$\begin{array}{r} 4 \\ \times\ 0.9 \\ \hline \end{array}$$

17
$$\begin{array}{r} 2\ 3 \\ \times\ 0.6 \\ \hline \end{array}$$

18
$$\begin{array}{r} 1\ 6 \\ \times\ 0.7 \\ \hline \end{array}$$

19
$$\begin{array}{r} 5\ 6 \\ \times\ 0.2 \\ \hline \end{array}$$

20
$$\begin{array}{r} 8\ 1 \\ \times\ 0.4 \\ \hline \end{array}$$

21
$$\begin{array}{r} 9\ 6 \\ \times\ 0.3 \\ \hline \end{array}$$

22
$$\begin{array}{r} 7 \\ \times\ 0.0\ 5 \\ \hline \end{array}$$

23
$$\begin{array}{r} 3 \\ \times\ 0.7\ 4 \\ \hline \end{array}$$

24
$$\begin{array}{r} 9 \\ \times\ 0.3\ 1 \\ \hline \end{array}$$

25
$$\begin{array}{r} 2 \\ \times\ 0.6\ 3 \\ \hline \end{array}$$

26
$$\begin{array}{r} 1\ 6 \\ \times\ 0.3\ 7 \\ \hline \end{array}$$

27
$$\begin{array}{r} 5\ 3 \\ \times\ 0.5\ 4 \\ \hline \end{array}$$

28
$$\begin{array}{r} 6\ 8 \\ \times\ 0.7\ 2 \\ \hline \end{array}$$

29
$$\begin{array}{r} 4\ 2 \\ \times\ 0.9\ 3 \\ \hline \end{array}$$

30
$$\begin{array}{r} 2\ 8 \\ \times\ 0.5\ 4 \\ \hline \end{array}$$

31 7×0.3

32 4×0.6

33 51×0.8

34 26×0.7

35 3×0.54

36 9×0.41

37 86×0.22

38 54×0.03

39

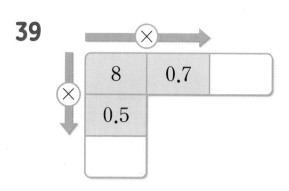

40

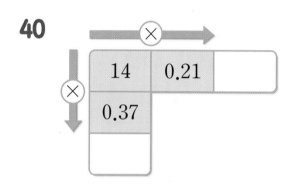

41

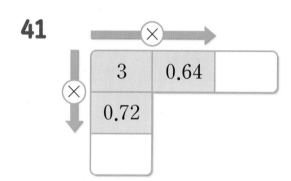

42

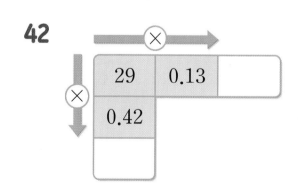

고사성어

다음 식의 계산 결과에 해당하는 글자를 보기 에서 찾아 아래 표의 빈칸에 차례로 써넣으면 고사성어가 완성됩니다. 완성된 고사성어를 쓰시오.

① 9 × 0.04

② 15 × 0.7

③ 22 × 0.6

④ 36 × 0.5

보기

1.4	20.8	0.36	2.8	15.2	10.5	15	18	13.2	6.6
설	유	대	공	형	기	비	성	만	지

①	②	③	④

완성된 단어는 어떤 뜻의 고사성어야?

큰 그릇은 늦게 이루어진다는 뜻으로 크게 될 인물은 늦게라도 성공하게 됨을 비유하는 고사성어야.

풀 이

답

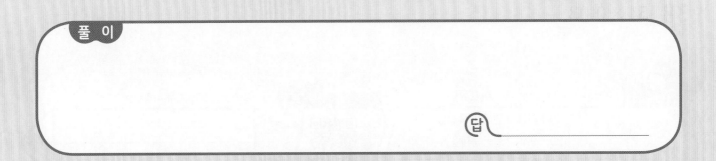

교과서 소수의 곱셈

6 (자연수)×(1보다 작은 소수) (2)

예 $6 \times 0.9 = 5.4$
$6 \times 9 = 54$

예 $18 \times 0.02 = 0.36$
$18 \times 2 = 36$

 자연수의 곱셈을 한 다음 곱하는 수의 소수점의 위치에 맞추어 곱의 결과에 소수점을 찍어요.

1~12 계산을 하시오.

1

			4
×		0.	6

2

			8
×		0.	2

3

			7
×		0.	7

4

			8
×	0.	1	6

5

		3	5
×		0.	3

6

		5	7
×		0.	4

7

		4	6
×		0.	2

8

		2	3
×	0.	8	5

9

		5	4
×		0.	7

10

		8	3
×		0.	3

11

		7	2
×		0.	4

12

		4	1
×	0.	5	9

13 9×0.7

14 8×0.6

15 2×0.4

16 4×0.5

17 53×0.3

18 16×0.6

19 27×0.4

20 91×0.2

21 6×0.37

22 9×0.53

23 17×0.29

24 48×0.34

25 3×0.7

26 5×0.9

27 27×0.5

28 81×0.3

29 9×0.08

30 2×0.78

31 34×0.33

32 16×0.62

33 12×0.8

34 5×0.29

35 8×0.61

36 15×0.27

37~46 빈 곳에 알맞은 수를 써넣으시오.

37
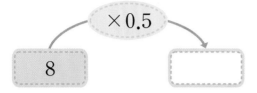

38
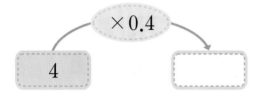

39
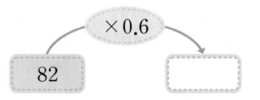

40
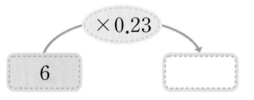

41
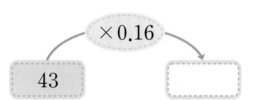

42
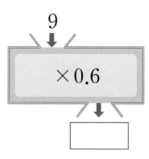

43
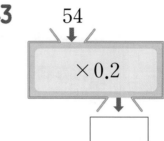

44
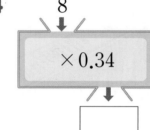

45
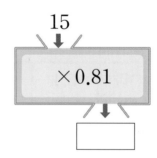

46
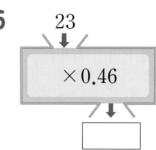

도둑은 누구일까요?

어느 날 한 백화점에 도둑이 들어 가장 비싼 시계를 훔쳐 갔습니다. 사건 단서 ①, ②, ③의 계산 결과에 해당하는 글자를 사건 단서 해독표에서 찾아 차례로 쓰면 도둑의 이름을 알 수 있습니다. 주어진 사건 단서를 가지고 도둑의 이름을 알아보시오.

사건 단서 ①
2×0.8

사건 단서 ②
6×0.04

사건 단서 ③
13×0.25

사건 현장의 단서를 찾은 다음 오른쪽의 사건 단서 해독표를 이용하여 범인의 이름을 알아봐.

<사건 단서 해독표>

마	5.4	수	7.6	최	23.8	상	0.24
김	1.6	희	0.35	성	4.4	리	1.65
유	2.82	박	64.4	호	1.4	이	0.88
경	0.18	정	5.6	민	3.25	준	10.2

① ② ③

도둑의 이름은 ☐☐☐ 입니다.

풀 이

답 _____

교과서 소수의 곱셈

7 (자연수)×(1보다 큰 소수)(1)

✔ (자연수)×(1보다 큰 소수)의 계산은 자연수의 곱셈을 한 다음 곱하는 수의 소수점의 위치에 맞추어 곱의 결과에 소수점을 찍습니다.

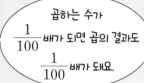

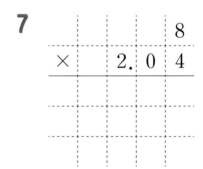

곱하는 수가 $\frac{1}{100}$배가 되면 곱의 결과도 $\frac{1}{100}$배가 돼요.

1~9 계산을 하시오.

1

$$\begin{array}{r} 4 \\ \times\ 2.9 \\ \hline \end{array}$$

4

$$\begin{array}{r} 2\ 5 \\ \times\ 1.7 \\ \hline \end{array}$$

7

$$\begin{array}{r} 8 \\ \times\ 2.04 \\ \hline \end{array}$$

2

$$\begin{array}{r} 7 \\ \times\ 3.3 \\ \hline \end{array}$$

5

$$\begin{array}{r} 1\ 6 \\ \times\ 4.6 \\ \hline \end{array}$$

8

$$\begin{array}{r} 3 \\ \times\ 5.6 \\ \hline \end{array}$$

3

$$\begin{array}{r} 3\ 2 \\ \times\ 5.21 \\ \hline \end{array}$$

6

$$\begin{array}{r} 9 \\ \times\ 1.93 \\ \hline \end{array}$$

9

$$\begin{array}{r} 4\ 6 \\ \times\ 3.76 \\ \hline \end{array}$$

10
$$\begin{array}{r} 5 \\ \times\, 2.7 \\ \hline \end{array}$$

11
$$\begin{array}{r} 3 \\ \times\, 4.9 \\ \hline \end{array}$$

12
$$\begin{array}{r} 7 \\ \times\, 5.3 \\ \hline \end{array}$$

13
$$\begin{array}{r} 8 \\ \times\, 6.9 \\ \hline \end{array}$$

14
$$\begin{array}{r} 3\,2 \\ \times\, 1.4 \\ \hline \end{array}$$

15
$$\begin{array}{r} 1\,4 \\ \times\, 4.3 \\ \hline \end{array}$$

16
$$\begin{array}{r} 2\,4 \\ \times\, 3.5 \\ \hline \end{array}$$

17
$$\begin{array}{r} 1\,2 \\ \times\, 8.2 \\ \hline \end{array}$$

18
$$\begin{array}{r} 2\,3 \\ \times\, 3.2 \\ \hline \end{array}$$

19
$$\begin{array}{r} 2 \\ \times\, 5.4\,3 \\ \hline \end{array}$$

20
$$\begin{array}{r} 5 \\ \times\, 7.6\,1 \\ \hline \end{array}$$

21
$$\begin{array}{r} 8 \\ \times\, 1.1\,9 \\ \hline \end{array}$$

22
$$\begin{array}{r} 8 \\ \times\, 9.8\,7 \\ \hline \end{array}$$

23
$$\begin{array}{r} 1\,5 \\ \times\, 6.1\,1 \\ \hline \end{array}$$

24
$$\begin{array}{r} 2\,1 \\ \times\, 4.5\,4 \\ \hline \end{array}$$

25
$$\begin{array}{r} 5\,4 \\ \times\, 3.2\,9 \\ \hline \end{array}$$

26
$$\begin{array}{r} 3\,7 \\ \times\, 2.4\,8 \\ \hline \end{array}$$

27
$$\begin{array}{r} 2\,6 \\ \times\, 1.7\,3 \\ \hline \end{array}$$

28 6×2.7

29 5×3.9

30 27×5.2

31 34×6.7

32 7×3.04

33 6×9.38

34 14×5.23

35 22×4.48

36~40 빈 곳에 알맞은 수를 써넣으시오.

36

| 3 | $\times 5.2$ | |

37

| 15 | $\times 7.1$ | |

38

| 8 | $\times 3.52$ | |

39

| 62 | $\times 4.16$ | |

40

| 74 | $\times 8.03$ | |

사다리 타기

사다리 타기는 줄을 따라 내려가다가 가로로 놓인 선을 만나면 가로 선을 따라 맨 아래까지 내려가는 놀이입니다. 주어진 식의 계산 결과를 사다리를 타고 내려가서 도착한 곳에 써넣으시오.

| 4×2.4 | 6×3.07 | 9×7.8 | 16×5.6 | 28×2.12 |

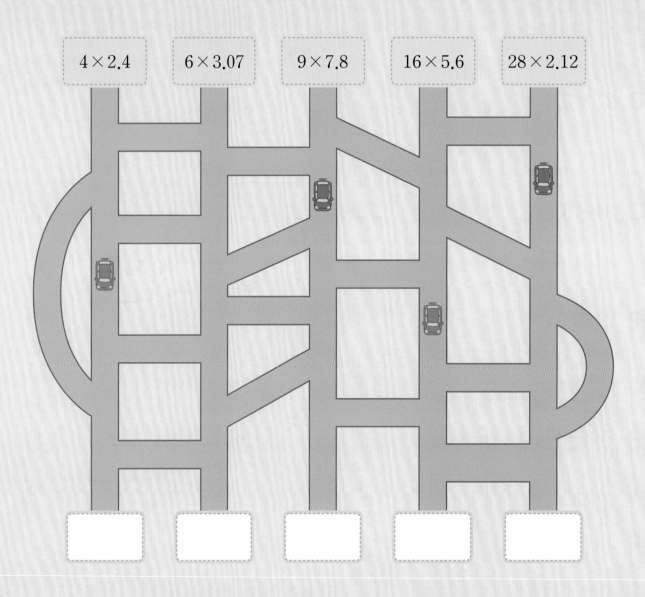

교과서 소수의 곱셈

8 (자연수)×(1보다 큰 소수) (2)

예 $\underline{4 \times 1.9 = 7.6}$
   $4 \times 19 = 76$

예 $\underline{3 \times 1.28 = 3.84}$
   $3 \times 128 = 384$

자연수의 곱셈을 한 다음
곱하는 수의 소수점의
위치에 맞추어 곱의 결과에
소수점을 찍어요.

1~9 계산을 하시오.

1

$$\begin{array}{r} 5 \\ \times \quad 4.3 \\ \hline \end{array}$$

4

$$\begin{array}{r} 3\,2 \\ \times \quad 1.1 \\ \hline \end{array}$$

7

$$\begin{array}{r} 2\,5 \\ \times \quad 1.3 \\ \hline \end{array}$$

2

$$\begin{array}{r} 6 \\ \times \quad 2.7 \\ \hline \end{array}$$

5

$$\begin{array}{r} 1\,7 \\ \times \quad 3.2 \\ \hline \end{array}$$

8

$$\begin{array}{r} 3 \\ \times \quad 6.0\,5 \\ \hline \end{array}$$

3

$$\begin{array}{r} 2 \\ \times \quad 6.5\,3 \\ \hline \end{array}$$

6

$$\begin{array}{r} 1\,1 \\ \times \quad 7.2\,2 \\ \hline \end{array}$$

9

$$\begin{array}{r} 7\,8 \\ \times \quad 2.5\,7 \\ \hline \end{array}$$

10 6×5.7

11 3×6.4

12 5×2.9

13 9×1.5

14 15×3.1

15 14×6.9

16 17×3.8

17 25×3.9

18 21×3.4

19 6×5.17

20 5×8.03

21 9×1.52

22 4×5.7

23 7×3.3

24 31×5.6

25 28×2.4

26 3×6.84

27 9×7.15

28 55×5.05

29 32×4.13

30 13×2.5

31 39×3.9

32 18×2.06

33 20×8.27

34~43 빈 곳에 두 수의 곱을 써넣으시오.

34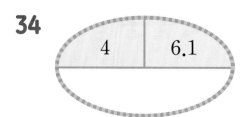

35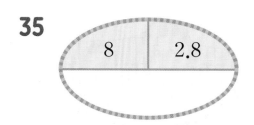

36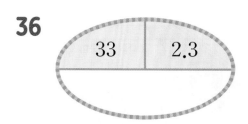

37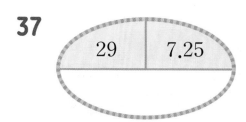

38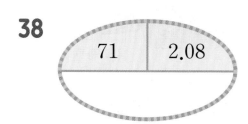

39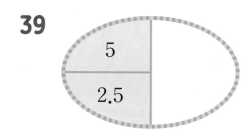

40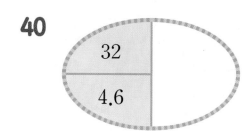

41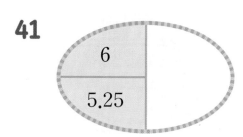

42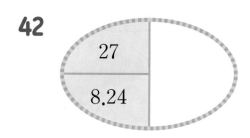

43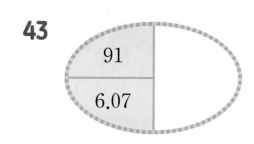

짧지만 강렬했던 독립운동가, 윤봉길 의사

교과서 소수의 곱셈

9 (1보다 작은 소수) ×(1보다 작은 소수) (1)

공부한 날   월   일

걸린 시간   분

✔ 1보다 작은 소수끼리의 곱셈 계산은 자연수의 곱셈 결과에 소수의 크기를 생각하여 소수점을 찍습니다. 곱하는 두 소수의 소수점 아래 자리 수의 합만큼 소수점을 찍습니다.

예
$$7 \times 6 = 42$$
$\frac{1}{10}$배 $\frac{1}{10}$배 $\frac{1}{100}$배
$$0.7 \times 0.6 = 0.42$$

$$
\begin{array}{r}
7 \\
\times 6 \\
\hline
4\,2
\end{array}
\Rightarrow
\begin{array}{r}
0.7 \quad \leftarrow \text{소수 한 자리 수} \\
\times\ 0.6 \quad \leftarrow \text{소수 한 자리 수} \\
\hline
0.4\,2 \quad \leftarrow \text{소수 두 자리 수}
\end{array}
\oplus
$$

1~12 계산을 하시오.

1
$$
\begin{array}{r}
0.4 \\
\times\ 0.3 \\
\hline
\end{array}
$$

5
$$
\begin{array}{r}
0.7\,2 \\
\times\ 0.8 \\
\hline
\end{array}
$$

9
$$
\begin{array}{r}
0.8\,3 \\
\times\ 0.5 \\
\hline
\end{array}
$$

2
$$
\begin{array}{r}
0.5 \\
\times\ 0.0\,7 \\
\hline
\end{array}
$$

6
$$
\begin{array}{r}
0.1\,6 \\
\times\ 0.9 \\
\hline
\end{array}
$$

10
$$
\begin{array}{r}
0.5\,7 \\
\times\ 0.2 \\
\hline
\end{array}
$$

3
$$
\begin{array}{r}
0.2 \\
\times\ 0.0\,0\,9 \\
\hline
\end{array}
$$

7
$$
\begin{array}{r}
0.6\,5 \\
\times\ 0.6 \\
\hline
\end{array}
$$

11
$$
\begin{array}{r}
0.4\,9 \\
\times\ 0.3 \\
\hline
\end{array}
$$

4
$$
\begin{array}{r}
0.3 \\
\times\ 0.6\,9 \\
\hline
\end{array}
$$

8
$$
\begin{array}{r}
0.2\,8 \\
\times\ 0.3\,5 \\
\hline
\end{array}
$$

12
$$
\begin{array}{r}
0.3\,4 \\
\times\ 0.1\,9 \\
\hline
\end{array}
$$

13
```
    0.8
×   0.7
```

14
```
    0.5
×   0.9
```

15
```
      0.6
×   0.0 2
```

16
```
    0.0 7
×     0.4
```

17
```
    0.0 0 9
×       0.3
```

18
```
    0.8 1
×   0.0 6
```

19
```
    0.8 4
×     0.6
```

20
```
    0.1 7
×     0.5
```

21
```
      0.8
×   0.4 2
```

22
```
      0.2
×   0.5 6
```

23
```
    0.7 3
×     0.3
```

24
```
    0.5 8
×     0.4
```

25
```
    0.2 9
×   0.4 1
```

26
```
    0.5 5
×   0.7 7
```

27
```
    0.4 7
×   0.5 6
```

28
```
    0.7 9
×   0.6 3
```

29
```
    0.1 4
×   0.2 4
```

30
```
    0.6 6
×   0.2 3
```

31 0.7×0.3

32 0.09×0.2

33 0.8×0.006

34 0.37×0.5

35 0.4×0.93

36 0.45×0.11

37 0.72×0.58

38 0.19×0.26

39~43 빈 곳에 두 수의 곱을 써넣으시오.

39

0.6	0.9

40

0.2	0.14

41

0.24	0.8

42

0.17	0.53

43

0.64	0.31

다른 그림 찾기

쑥셈 10권 36일 - 4

아래 사진에서 위 사진과 다른 부분 5군데를 모두 찾아 ○표 하시오.

정답

교과서 소수의 곱셈

(1보다 작은 소수) ×(1보다 작은 소수) (2)

공부한 날   월   일   걸린 시간   분

예 $0.6×0.9=0.54$
　　　　$6×9=54$

예 $0.53×0.7=0.371$
　　　　$53×7=371$

소수의 곱셈은 자연수의 곱셈 결과에 소수의 크기를 생각하여 소수점을 찍어요.

1~12 계산을 하시오.

1
$$\begin{array}{r} 0.\,3 \\ \times\ \ 0.\,2 \\ \hline \end{array}$$

2
$$\begin{array}{r} 0.\,5 \\ \times\ 0.\,0\,0\,7 \\ \hline \end{array}$$

3
$$\begin{array}{r} 0.\,0\,4 \\ \times\ \ \ \ 0.\,9 \\ \hline \end{array}$$

4
$$\begin{array}{r} 0.\,2 \\ \times\ \ 0.\,9\,6 \\ \hline \end{array}$$

5
$$\begin{array}{r} 0.\,8 \\ \times\ \ 0.\,0\,6 \\ \hline \end{array}$$

6
$$\begin{array}{r} 0.\,8\,6 \\ \times\ \ \ \ 0.\,7 \\ \hline \end{array}$$

7
$$\begin{array}{r} 0.\,7\,8 \\ \times\ \ \ \ 0.\,4 \\ \hline \end{array}$$

8
$$\begin{array}{r} 0.\,9 \\ \times\ \ 0.\,6\,3 \\ \hline \end{array}$$

9
$$\begin{array}{r} 0.\,1\,3 \\ \times\ \ \ \ 0.\,8 \\ \hline \end{array}$$

10
$$\begin{array}{r} 0.\,7\,1 \\ \times\ \ \ \ 0.\,4 \\ \hline \end{array}$$

11
$$\begin{array}{r} 0.\,6\,5 \\ \times\ \ \ \ 0.\,7 \\ \hline \end{array}$$

12
$$\begin{array}{r} 0.\,8\,3 \\ \times\ \ 0.\,6\,4 \\ \hline \end{array}$$

13~36 계산을 하시오.

13 0.6×0.7

14 0.9×0.08

15 0.3×0.07

16 0.05×0.5

17 0.02×0.6

18 0.004×0.3

19 0.87×0.9

20 0.12×0.6

21 0.35×0.8

22 0.9×0.23

23 0.57×0.18

24 0.67×0.46

25 0.4×0.4

26 0.5×0.09

27 0.19×0.6

28 0.29×0.3

29 0.7×0.48

30 0.8×0.97

31 0.18×0.28

32 0.77×0.32

33 0.19×0.55

34 0.6×0.08

35 0.23×0.3

36 0.671×0.2

37

0.9 → $\times 0.6$ →

38

0.2 → $\times 0.03$ →

39

0.25 → $\times 0.5$ →

40

0.8 → $\times 0.24$ →

41

0.61 → $\times 0.59$ →

42

0.3 → $\times 0.5$ → → $\times 0.4$ →

43

0.4 → $\times 0.2$ → → $\times 0.7$ →

44

0.5 → $\times 0.8$ → → $\times 0.91$ →

45

0.12 → $\times 0.3$ → → $\times 0.5$ →

46

0.45 → $\times 0.6$ → → $\times 0.03$ →

가로세로 수 맞추기

가로세로 수 맞추기 놀이를 하여 빈칸에 알맞은 수를 채우려고 합니다. 소수의 곱셈을 계산한 후 계산 결과에서 소수점 아래의 0이 아닌 숫자를 차례로 빈칸에 써넣으시오.

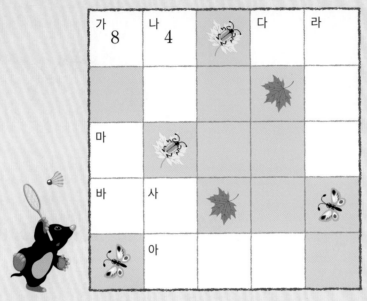

가로 열쇠

가: 0.6 × 0.14
다: 0.7 × 0.3
바: 0.3 × 0.8
야: 0.9 × 0.97

세로 열쇠

나: 0.3 × 0.15
라: 0.68 × 0.2
마: 0.13 × 0.4
사: 0.06 × 0.8

0.6 × 0.14를 계산했더니 0.084가 나왔어. 근데 빈칸은 두 칸이야. 어떻게 하면 좋을까?

조건에서 소수점 아래의 0이 아닌 숫자를 차례로 쓴다고 했으니까 8과 4를 차례로 쓰면 돼.

교과서 소수의 곱셈

11 (1보다 큰 소수) ×(1보다 큰 소수) (1)

공부한 날 　월　 　일

✔ 1보다 큰 소수끼리의 곱셈 계산은 자연수의 곱셈 결과에 소수의 크기를 생각하여 소수점을 찍습니다. 곱하는 두 소수의 소수점 아래 자리 수의 합만큼 소수점을 찍습니다.

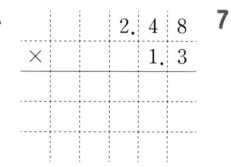

1~9 계산을 하시오.

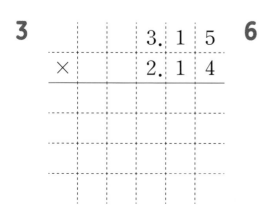

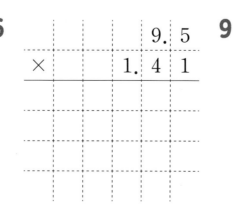

10
$$\begin{array}{r} 2.7 \\ \times\ 1.8 \\ \hline \end{array}$$

16
$$\begin{array}{r} 9.6\,1 \\ \times\ \ \ 2.3 \\ \hline \end{array}$$

22
$$\begin{array}{r} 7.0\,8 \\ \times\ 4.3\,2 \\ \hline \end{array}$$

11
$$\begin{array}{r} 8.3 \\ \times\ 5.3 \\ \hline \end{array}$$

17
$$\begin{array}{r} 7.5\,2 \\ \times\ \ \ 1.5 \\ \hline \end{array}$$

23
$$\begin{array}{r} 2.2\,3 \\ \times\ 6.0\,4 \\ \hline \end{array}$$

12
$$\begin{array}{r} 1.4 \\ \times\ 6.9 \\ \hline \end{array}$$

18
$$\begin{array}{r} 8\,2.6 \\ \times\ \ \ 6.4 \\ \hline \end{array}$$

24
$$\begin{array}{r} 1.6\,2 \\ \times\ 4.1\,5 \\ \hline \end{array}$$

13
$$\begin{array}{r} 9.7 \\ \times\ 2.6 \\ \hline \end{array}$$

19
$$\begin{array}{r} 7.6 \\ \times\ 3.2\,6 \\ \hline \end{array}$$

25
$$\begin{array}{r} 3.1\,1 \\ \times\ 1\,7.8 \\ \hline \end{array}$$

14
$$\begin{array}{r} 5.5 \\ \times\ 4.5 \\ \hline \end{array}$$

20
$$\begin{array}{r} 1.8 \\ \times\ 6.2\,4 \\ \hline \end{array}$$

26
$$\begin{array}{r} 5\,9.6 \\ \times\ 2.4\,7 \\ \hline \end{array}$$

15
$$\begin{array}{r} 3.2 \\ \times\ 9.3 \\ \hline \end{array}$$

21
$$\begin{array}{r} 4.9 \\ \times\ 3\,7.2 \\ \hline \end{array}$$

27
$$\begin{array}{r} 1\,9.6 \\ \times\ 5\,4.8 \\ \hline \end{array}$$

28 1.5×3.8

29 5.7×6.5

30 4.62×3.9

31 2.8×1.03

32 7.4×4.26

33 6.43×2.17

34 5.61×7.59

35 8.74×2.13

36
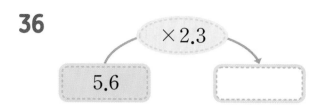

37
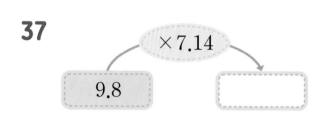

38
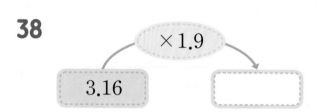

39
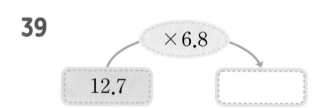

40

맛있는 요리법

다음은 오믈렛 요리법입니다. 엄마와 함께 순서에 따라 요리해 보세요.

오믈렛 만들기

<재료>

계란 2개, 소금 2.4 g, 식용유 6.5 g, 치즈 7.6 g, 다진 마늘 3.2 g, 소시지 2개, 양파 반 개,

새송이버섯 100 g, 케첩

<만드는 법>

① 소시지와 손질한 양파, 새송이버섯을 소금, 다진 마늘과 함께 볶아요.

② 식용유를 약간 두른 팬에 계란을 풀어 넓게 부쳐요.

③ 계란의 윗면이 익어 가면 ①에서 만든 속 재료와 치즈를 올려요.

④ 반으로 접어 치즈가 녹을 때까지 익힌 다음 케첩을 뿌리면 완성!

주하는 식용유를 위 요리법의 재료에서 주어진 양의 1.7배만큼 사용하였습니다. 주하가 사용한 식용유의 양은 몇 g입니까?

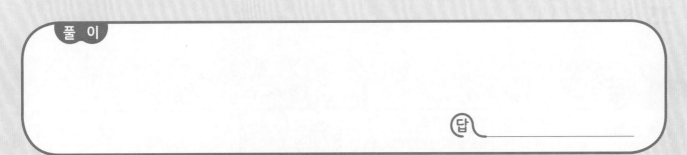

풀 이

답

교과서 소수의 곱셈

12 (1보다 큰 소수) ×(1보다 큰 소수) (2)

공부한 날 월 일

걸린 시간 분

예 $\underline{1.2 \times 1.7 = 2.04}$
  $12 \times 17 = 204$

예 $\underline{2.31 \times 1.9 = 4.389}$
  $231 \times 19 = 4389$

소수의 곱셈은 자연수의 곱셈 결과에 소수의 크기를 생각하여 소수점을 찍어요.

1~9 계산을 하시오.

1

$$\begin{array}{r} 9.3 \\ \times\ 2.7 \\ \hline \end{array}$$

2

$$\begin{array}{r} 1.6 \\ \times\ 4.6 \\ \hline \end{array}$$

3

$$\begin{array}{r} 6.18 \\ \times\ 3.24 \\ \hline \end{array}$$

4

$$\begin{array}{r} 1.95 \\ \times\ 5.3 \\ \hline \end{array}$$

5

$$\begin{array}{r} 2.07 \\ \times\ 4.5 \\ \hline \end{array}$$

6

$$\begin{array}{r} 7.2 \\ \times\ 94.6 \\ \hline \end{array}$$

7

$$\begin{array}{r} 3.47 \\ \times\ 5.05 \\ \hline \end{array}$$

8

$$\begin{array}{r} 9.4 \\ \times\ 6.8 \\ \hline \end{array}$$

9

$$\begin{array}{r} 10.6 \\ \times\ 5.49 \\ \hline \end{array}$$

10~33 계산을 하시오.

10 1.2×7.8

11 6.4×5.6

12 2.5×8.5

13 4.3×7.2

14 6.1×5.3

15 9.9×3.6

16 7.06×6.3

17 1.18×4.4

18 59.3×3.7

19 18.3×30.5

20 56.7×1.48

21 9.54×4.12

22 2.9×3.4

23 1.7×2.8

24 42.3×4.9

25 5.5×1.66

26 6.46×1.57

27 43.1×6.58

28 16.2×37.1

29 7.41×3.24

30 3.7×1.14

31 1.5×5.2

32 13.8×1.29

33 1.03×4.6

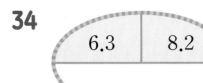 **34~43** 빈 곳에 두 수의 곱을 써넣으시오.

34
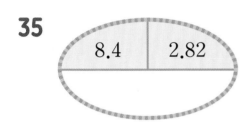

35
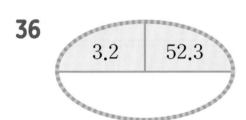

36
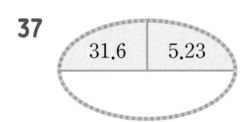

37
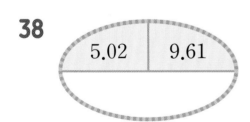

38

39
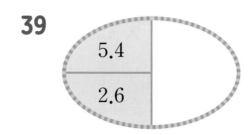

40
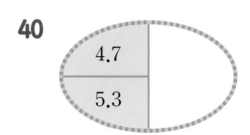

41
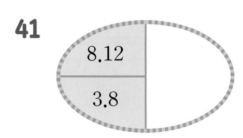

42
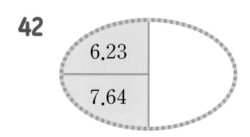

43
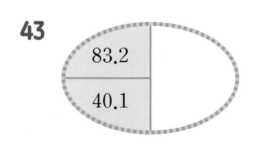

곱이 맞는 길 찾기

길을 따라가서 만나는 두 소수의 곱이 ▨ 안의 수가 되도록 선으로 이어 보시오.

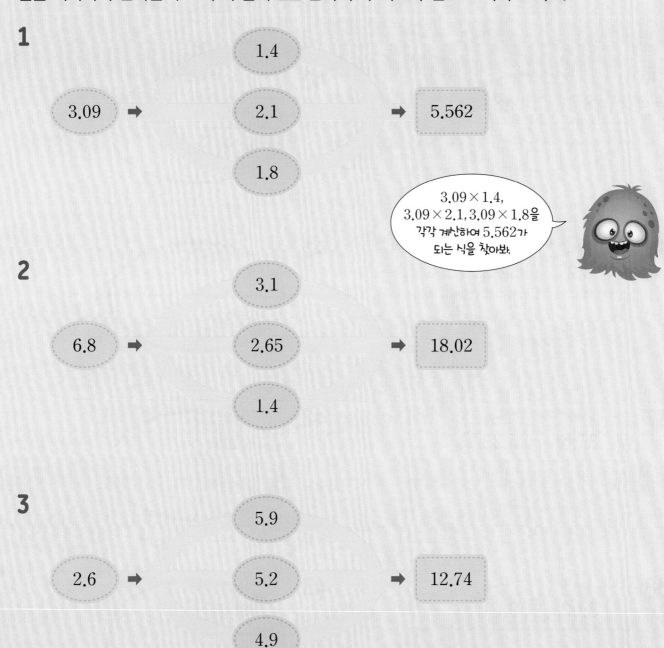

1

3.09 ➡

1.4

2.1

1.8

➡ 5.562

> 3.09 × 1.4,
> 3.09 × 2.1, 3.09 × 1.8을
> 각각 계산하여 5.562가
> 되는 식을 찾아봐.

2

6.8 ➡

3.1

2.65

1.4

➡ 18.02

3

2.6 ➡

5.9

5.2

4.9

➡ 12.74

> 먼저 자연수의 곱셈을
> 한 후 소수의 크기를 생각하여
> 자연수의 곱셈 결과에
> 소수점을 찍어!

교과서 소수의 곱셈

13 (1보다 큰 소수) ×(1보다 큰 소수) (3)

집중하여 정확하고 빠르게 문제를 풀어 보세요.

공부한날 월 일

걸린 시간 분

1~12 계산을 하시오.

1

```
        2. 8
  ×     1. 6
      1 6 8
      2 8
      4. 4 8
```

2

```
        7. 2
  ×     3. 2
```

3

```
        8. 1 3
  ×       5. 4
```

4

```
        7. 7
  ×     1. 1 2
```

5

```
      4 5. 6
  ×      6. 3
```

6

```
        6. 1
  ×     2. 5
```

7

```
        5. 5
  ×     9. 3
```

8

```
      4 5. 1
  ×      1. 1 3
```

9

```
      5 4. 7
  ×      5. 1
```

10

```
      4. 8 2
  ×    4. 8
```

11

```
      8 2. 3
  ×    4 0. 7
```

12

```
      6. 4 6
  ×    5. 7 4
```

13 5.8×2.6

14 2.57×3.5

15 5.85×8.5

16 7.47×3.9

17 1.2×9.6

18 17.3×7.8

19 5.39×1.63

20 3.4×7.8

21 4.5×5.7

22 4.08×2.54

23 36.9×1.82

24 11.3×52.7

25 1.8×9.5

26 4.3×3.2

27 1.7×8.57

28 2.3×36.9

29 8.98×2.11

30 7.24×30.6

31 19.2×64.2

32 22.3×59.5

33 7.5×2.44

34 9.16×1.5

35 4.39×30.1

36 1.28×10.62

37

3.2 ×4.8

38

1.5 ×7.1

39

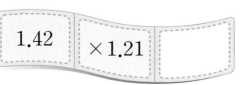

3.82 ×6.4

40

1.42 ×1.21

41

9.25 ×19.2

42 ⊗ →

6.6	1.2	
3.9	4.8	

43 ⊗ →

9.2	2.7	
4.3	6.05	

44 ⊗ →

3.71	5.4	
96.6	3.3	

45 ⊗ →

80.7	15.5	
14.5	42.3	

46 ⊗ →

5.67	2.46	
9.15	3.87	

선을 이어 만든 숫자

쏙셈 10권 **40일** - 4

계산 결과가 작은 것부터 차례로 선으로 이어보면 숫자가 만들어집니다. 만든 두 개의 숫자의 곱을 구하시오.

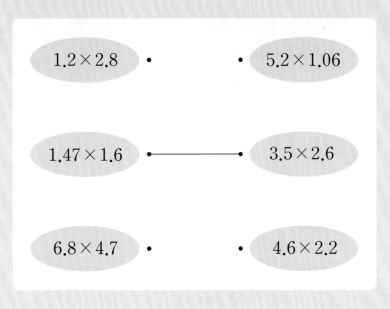

주어진 소수의 곱셈을 계산한 후 계산 결과가 작은 것부터 이어 봐.

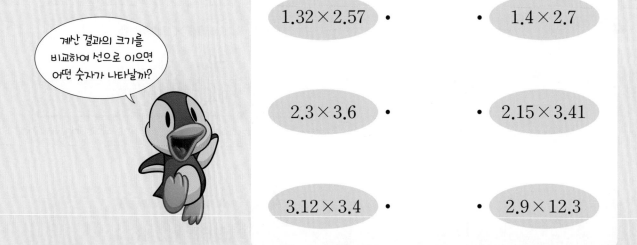

계산 결과의 크기를 비교하여 선으로 이으면 어떤 숫자가 나타날까?

풀 이

답 _____

교과서 소수의 곱셈

14 자연수와 소수의 곱셈에서 곱의 소수점 위치의 규칙 (1)

공부한 날 월 일

✔ 소수에 10, 100, 1000을 곱한 값의 규칙

곱하는 수의 0이 하나씩 늘어날 때마다 곱의 소수점이 오른쪽으로 한 칸씩 옮겨집니다.

예 3.271×1의 계산을 이용하여 곱의 소수점 위치의 규칙 알아보기

$$3.271 \times 1 = 3.271$$
$$3.271 \times 10 = 32.71$$
0이 1개
$$3.271 \times 100 = 327.1$$
0이 2개
$$3.271 \times 1000 = 3271$$
0이 3개

소수점을 오른쪽으로 옮길 때 곱의 소수점을 옮길 자리가 없으면 오른쪽으로 0을 채워가면서 옮겨요.

1~6 소수점의 위치를 생각하여 계산하시오.

1 $4.36 \times 10 = \boxed{}$

$4.36 \times 100 = \boxed{}$

$4.36 \times 1000 = \boxed{}$

4 $10 \times 2.78 = \boxed{}$

$100 \times 2.78 = \boxed{}$

$1000 \times 2.78 = \boxed{}$

2 $6.542 \times 10 = \boxed{}$

$6.542 \times 100 = \boxed{}$

$6.542 \times 1000 = \boxed{}$

5 $10 \times 3.294 = \boxed{}$

$100 \times 3.294 = \boxed{}$

$1000 \times 3.294 = \boxed{}$

3 $0.23 \times 5 = 1.15$

$0.23 \times 50 = \boxed{}$

$0.23 \times 500 = \boxed{}$

$0.23 \times 5000 = \boxed{}$

6 $2 \times 2.304 = 4.608$

$20 \times 2.304 = \boxed{}$

$200 \times 2.304 = \boxed{}$

$2000 \times 2.304 = \boxed{}$

7~18 소수점의 위치를 생각하여 계산하시오.

7　$5.29 \times 10 =$ □
　　$5.29 \times 100 =$ □
　　$5.29 \times 1000 =$ □

13　$10 \times 7.308 =$ □
　　$100 \times 7.308 =$ □
　　$1000 \times 7.308 =$ □

8　$8.483 \times 10 =$ □
　　$8.483 \times 100 =$ □
　　$8.483 \times 1000 =$ □

14　$10 \times 1.59 =$ □
　　$100 \times 1.59 =$ □
　　$1000 \times 1.59 =$ □

9　$2.561 \times 10 =$ □
　　$2.561 \times 100 =$ □
　　$2.561 \times 1000 =$ □

15　$10 \times 8.726 =$ □
　　$100 \times 8.726 =$ □
　　$1000 \times 8.726 =$ □

10　$4.702 \times 10 =$ □
　　$4.702 \times 100 =$ □
　　$4.702 \times 1000 =$ □

16　$10 \times 9.814 =$ □
　　$100 \times 9.814 =$ □
　　$1000 \times 9.814 =$ □

11　$2.29 \times 30 =$ □
　　$2.29 \times 300 =$ □
　　$2.29 \times 3000 =$ □

17　$40 \times 1.44 =$ □
　　$400 \times 1.44 =$ □
　　$4000 \times 1.44 =$ □

12　$4.97 \times 20 =$ □
　　$4.97 \times 200 =$ □
　　$4.97 \times 2000 =$ □

18　$30 \times 1.123 =$ □
　　$300 \times 1.123 =$ □
　　$3000 \times 1.123 =$ □

19

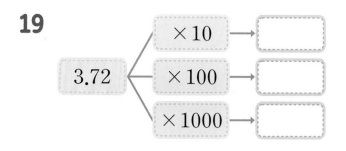

23

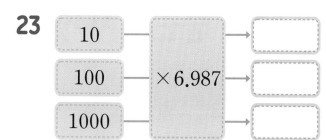

20

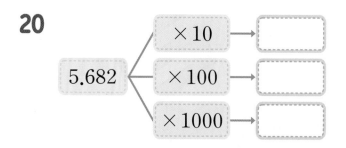

24

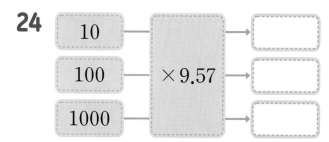

21

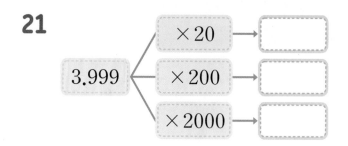

25

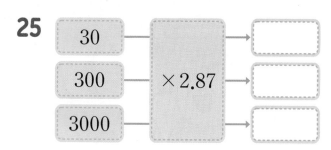

22

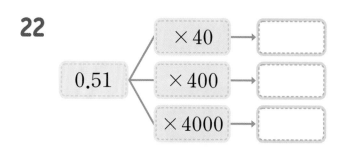

26

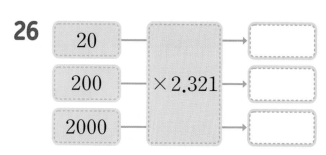

Check! 채점하여 자신의 실력을 확인해 보세요!

맞힌 개수	24개 이상	연산왕! 참 잘했어요!
개/26개	18~23개	틀린 문제를 점검해요!
	17개 이하	차근차근 다시 풀어요!

엄마의 확인 Note 칭찬할 점과 주의할 점을 써주세요!

정답확인

칭찬	
주의	

재미있는 연산 놀이터

숨은 그림 찾기

다음 그림에서 숨은 그림 5개를 모두 찾아 ○표 하시오.

빗, 물고기, 열쇠, 칼, 지팡이

교과서 소수의 곱셈

15 자연수와 소수의 곱셈에서 곱의 소수점 위치의 규칙 (2)

공부한 날 월 일

✔ 자연수에 0.1, 0.01, 0.001을 곱한 값의 규칙
곱하는 소수의 소수점 아래 자리 수가 하나씩 늘어날 때마다 곱의 소수점이 왼쪽으로 한 칸씩 옮겨집니다.

예 527×1의 계산을 이용하여 곱의 소수점 위치의 규칙 알아보기

$$527 \times 1 = 527$$
$$527 \times 0.1 = 52.7 \quad \text{소수 한 자리 수}$$
$$527 \times 0.01 = 5.27 \quad \text{소수 두 자리 수}$$
$$527 \times 0.001 = 0.527 \quad \text{소수 세 자리 수}$$

소수점을 왼쪽으로 옮길 때 곱의 소수점을 옮길 자리가 없으면 왼쪽으로 0을 채워가면서 옮겨요.

1~6 소수점의 위치를 생각하여 계산하시오.

1 $134 \times 0.1 = \boxed{}$
$134 \times 0.01 = \boxed{}$
$134 \times 0.001 = \boxed{}$

4 $0.1 \times 6 = \boxed{}$
$0.01 \times 6 = \boxed{}$
$0.001 \times 6 = \boxed{}$

2 $57 \times 0.1 = \boxed{}$
$57 \times 0.01 = \boxed{}$
$57 \times 0.001 = \boxed{}$

5 $0.1 \times 379 = \boxed{}$
$0.01 \times 379 = \boxed{}$
$0.001 \times 379 = \boxed{}$

3 $8 \times 2 = \boxed{}$
$8 \times 0.2 = \boxed{}$
$8 \times 0.02 = \boxed{}$
$8 \times 0.002 = \boxed{}$

6 $3 \times 5 = \boxed{}$
$3 \times 0.5 = \boxed{}$
$3 \times 0.05 = \boxed{}$
$3 \times 0.005 = \boxed{}$

7~18 소수점의 위치를 생각하여 계산하시오.

7 $952 \times 0.1 = \boxed{}$

$952 \times 0.01 = \boxed{}$

$952 \times 0.001 = \boxed{}$

13 $0.1 \times 491 = \boxed{}$

$0.01 \times 491 = \boxed{}$

$0.001 \times 491 = \boxed{}$

8 $635 \times 0.1 = \boxed{}$

$635 \times 0.01 = \boxed{}$

$635 \times 0.001 = \boxed{}$

14 $0.1 \times 426 = \boxed{}$

$0.01 \times 426 = \boxed{}$

$0.001 \times 426 = \boxed{}$

9 $17 \times 0.1 = \boxed{}$

$17 \times 0.01 = \boxed{}$

$17 \times 0.001 = \boxed{}$

15 $0.1 \times 5 = \boxed{}$

$0.01 \times 5 = \boxed{}$

$0.001 \times 5 = \boxed{}$

10 $5380 \times 0.1 = \boxed{}$

$5380 \times 0.01 = \boxed{}$

$5380 \times 0.001 = \boxed{}$

16 $0.1 \times 2733 = \boxed{}$

$0.01 \times 2733 = \boxed{}$

$0.001 \times 2733 = \boxed{}$

11 $4 \times 0.6 = \boxed{}$

$4 \times 0.06 = \boxed{}$

$4 \times 0.006 = \boxed{}$

17 $0.7 \times 2 = \boxed{}$

$0.07 \times 2 = \boxed{}$

$0.007 \times 2 = \boxed{}$

12 $9 \times 0.3 = \boxed{}$

$9 \times 0.03 = \boxed{}$

$9 \times 0.003 = \boxed{}$

18 $0.8 \times 5 = \boxed{}$

$0.08 \times 5 = \boxed{}$

$0.008 \times 5 = \boxed{}$

19

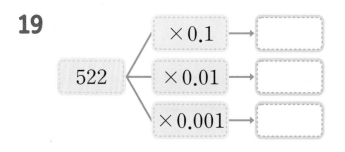

522 → ×0.1 →
→ ×0.01 →
→ ×0.001 →

20

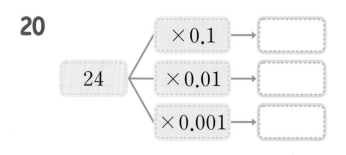

24 → ×0.1 →
→ ×0.01 →
→ ×0.001 →

21

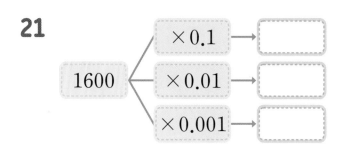

1600 → ×0.1 →
→ ×0.01 →
→ ×0.001 →

22

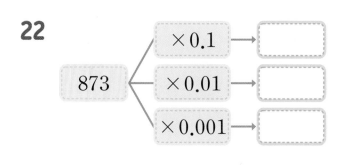

873 → ×0.1 →
→ ×0.01 →
→ ×0.001 →

23

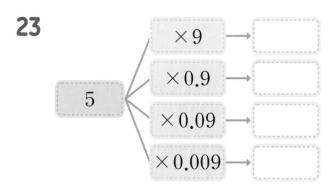

5 → ×9 →
→ ×0.9 →
→ ×0.09 →
→ ×0.009 →

24

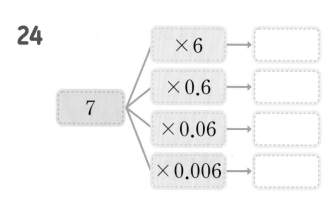

7 → ×6 →
→ ×0.6 →
→ ×0.06 →
→ ×0.006 →

25

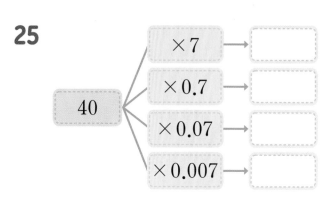

40 → ×7 →
→ ×0.7 →
→ ×0.07 →
→ ×0.007 →

26

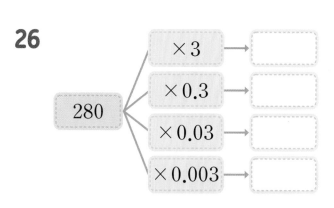

280 → ×3 →
→ ×0.3 →
→ ×0.03 →
→ ×0.003 →

규칙 찾기

다음과 같이 화살표에 따라 도형 안의 수가 변합니다. 화살표의 규칙을 찾아 빈 곳에 알맞은 수를 차례로 구하시오.

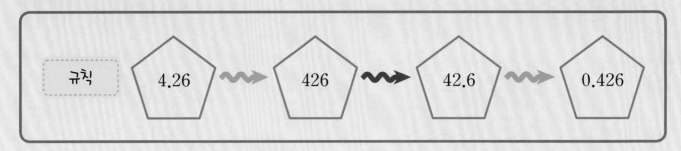

규칙 4.26 ⟿ 426 ⟿ 42.6 ⟿ 0.426

1

9.47 ⟿ ☐ ⟿ ☐ ⟿ ☐

2

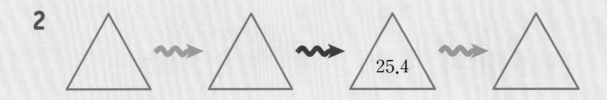

△ ⟿ △ ⟿ △ 25.4 ⟿ △

3

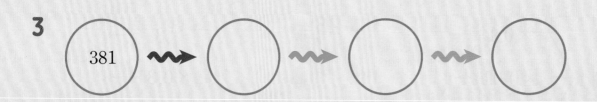

381 ⟿ ○ ⟿ ○ ⟿ ○

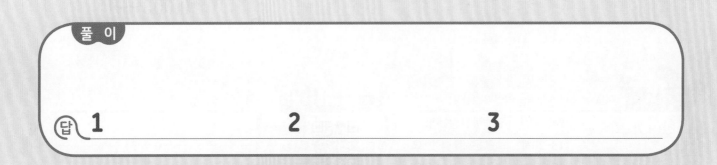

풀이

답 1   2   3

교과서 소수의 곱셈

16 소수끼리의 곱셈에서 곱의 소수점 위치의 규칙

✔ 소수끼리의 곱셈 결과에서 곱의 소수점 위치의 규칙

먼저 자연수끼리 곱하고, 계산 결과에 곱하는 두 수의 소수점 아래 자리 수를 더한 것만큼 소수점을 왼쪽으로 옮겨 표시합니다.

예 7×6의 계산을 이용하여 곱의 소수점 위치의 규칙 알아보기

$$7 \times 6 = 42$$
$$0.7 \times 0.6 = 0.42$$
$$0.7 \times 0.06 = 0.042$$
$$0.07 \times 0.06 = 0.0042$$

곱하는 두 수의 소수점 아래 자리 수에 따라 곱의 소수점 위치가 달라져요.

1~6 소수점의 위치를 생각하여 계산하시오.

1 $4 \times 9 = 36$

$0.4 \times 0.9 = \boxed{}$

$0.4 \times 0.09 = \boxed{}$

4 $12 \times 6 = 72$

$1.2 \times 0.6 = \boxed{}$

$0.12 \times 0.6 = \boxed{}$

2 $18 \times 3 = 54$

$1.8 \times 0.3 = \boxed{}$

$1.8 \times 0.03 = \boxed{}$

5 $5 \times 13 = 65$

$0.5 \times 1.3 = \boxed{}$

$0.05 \times 1.3 = \boxed{}$

3 $66 \times 7 = 462$

$6.6 \times 0.7 = \boxed{}$

$6.6 \times 0.07 = \boxed{}$

6 $92 \times 2 = 184$

$9.2 \times 0.2 = \boxed{}$

$0.92 \times 0.2 = \boxed{}$

7 $9 \times 3 = \boxed{}$

$0.9 \times 0.3 = \boxed{}$

$0.09 \times 0.3 = \boxed{}$

8 $8 \times 21 = \boxed{}$

$0.8 \times 2.1 = \boxed{}$

$0.08 \times 2.1 = \boxed{}$

9 $36 \times 4 = \boxed{}$

$3.6 \times 0.4 = \boxed{}$

$0.36 \times 0.4 = \boxed{}$

10 $72 \times 13 = \boxed{}$

$7.2 \times 1.3 = \boxed{}$

$7.2 \times 0.13 = \boxed{}$

11 $45 \times 5 = \boxed{}$

$4.5 \times 0.5 = \boxed{}$

$4.5 \times 0.05 = \boxed{}$

12 $51 \times 16 = \boxed{}$

$5.1 \times 1.6 = \boxed{}$

$5.1 \times 0.16 = \boxed{}$

13 $2 \times 12 = \boxed{}$

$0.2 \times 1.2 = \boxed{}$

$0.02 \times 0.12 = \boxed{}$

14 $49 \times 8 = \boxed{}$

$4.9 \times 0.8 = \boxed{}$

$0.49 \times 0.08 = \boxed{}$

15 $3 \times 91 = \boxed{}$

$0.3 \times 9.1 = \boxed{}$

$0.03 \times 0.91 = \boxed{}$

16 $77 \times 25 = \boxed{}$

$0.77 \times 2.5 = \boxed{}$

$0.77 \times 0.25 = \boxed{}$

17 $63 \times 14 = \boxed{}$

$6.3 \times 0.14 = \boxed{}$

$0.63 \times 0.14 = \boxed{}$

18 $58 \times 39 = \boxed{}$

$5.8 \times 3.9 = \boxed{}$

$0.58 \times 0.39 = \boxed{}$

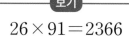
19

보기

$$26 \times 91 = 2366$$

$2.6 \otimes 9.1$	
$2.6 \otimes 0.91$	
$0.26 \otimes 0.91$	
$2.6 \otimes 0.091$	

22

보기

$$226 \times 74 = 16724$$

$22.6 \otimes 7.4$	
$22.6 \otimes 0.74$	
$0.226 \otimes 0.74$	
$2.26 \otimes 0.074$	

20

보기

$$38 \times 87 = 3306$$

$3.8 \otimes 8.7$	
$3.8 \otimes 0.87$	
$0.38 \otimes 8.7$	
$0.38 \otimes 0.87$	

23

보기

$$913 \times 15 = 13695$$

$9.13 \otimes 1.5$	
$9.13 \otimes 0.15$	
$91.3 \otimes 0.15$	
$91.3 \otimes 1.5$	

21

보기

$$1.9 \times 5.2 = 9.88$$

$1.9 \otimes 0.52$	
$0.19 \otimes 0.52$	

24

보기

$$10.1 \times 4.3 = 43.43$$

$1.01 \otimes 4.3$	
$10.1 \otimes 0.43$	

 채점하여 자신의 실력을 확인해 보세요!

맞힌 개수	22개 이상	연산왕! 참 잘했어요!
	17~21개	틀린 문제를 점검해요!
개/24개	16개 이하	차근차근 다시 풀어요!

엄마의 확인 **Note** 칭찬할 점과 주의할 점을 써주세요!

정답확인

칭찬	
주의	

다른 그림 찾기

쑥셈 10권 43일 - 4

아래 그림에서 위 그림과 다른 부분 5군데를 모두 찾아 ◯표 하시오.

교과서 소수의 곱셈

17 소수의 곱셈 계산의 크기 비교

공부한날 월 일

걸린 시간 분

예 3.2×2.6과 7.05×1.3의 크기 비교

3.2×2.6=8.32, 7.05×1.3=9.165

➡ 3.2×2.6 $<$ 7.05×1.3

두 수의 곱의 크기를 비교하면 8.32<9.165이에요.

1~12 크기를 비교하여 ○ 안에 >, =, <를 알맞게 써넣으시오.

1 15×5.11 ○ 75.5

2 4.3×6 ○ 26

3 12×0.57 ○ 6.8

4 0.8×3 ○ 6×0.5

5 1.56×8 ○ 3.1×3.6

6 0.3×0.27 ○ 0.05×3.1

7 3.42×1.07 ○ 3.657

8 0.76×0.3 ○ 0.23

9 2.6×5.8 ○ 15.1

10 0.4×0.12 ○ 0.07×0.9

11 5.9×2.1 ○ 3.07×4.1

12 4.2×6.1 ○ 3.08×7.5

13~28 크기를 비교하여 ○ 안에 >, =, <를 알맞게 써넣으시오.

13 $0.6 \times 0.9 \bigcirc 0.5$

14 $1.94 \times 2.43 \bigcirc 4.8$

15 $3 \times 0.8 \bigcirc 3$

16 $6 \times 0.07 \bigcirc 0.41$

17 $0.24 \times 5 \bigcirc 1.1$

18 $12.6 \times 15 \bigcirc 190$

19 $7 \times 0.9 \bigcirc 0.8 \times 8$

20 $3.62 \times 4 \bigcirc 6.5 \times 2.7$

21 $15 \times 0.23 \bigcirc 3.5$

22 $9 \times 1.6 \bigcirc 14$

23 $0.48 \times 3 \bigcirc 1.5$

24 $2.7 \times 9.4 \bigcirc 20.38$

25 $0.85 \times 0.8 \bigcirc 0.69$

26 $51 \times 0.02 \bigcirc 1$

27 $0.22 \times 0.4 \bigcirc 0.9 \times 0.17$

28 $4.3 \times 8.1 \bigcirc 6.02 \times 5.8$

29~40 크기를 비교하여 ◯ 안에 >, =, <를 알맞게 써넣으시오.

29 0.2×0.17 ◯ 0.035

35 3.64×4 ◯ 14.5

30 5.5×6 ◯ 30

36 7×0.25 ◯ 1.65

31 6.8×4.3 ◯ 29.33

37 0.31×0.31 ◯ 0.1

32 2.06×5.21 ◯ 10.5

38 0.47×16 ◯ 7.6

33 0.7×0.1 ◯ 0.84×0.09

39 5.09×7.3 ◯ 17×2.8

34 0.6×12 ◯ 6×1.4

40 9×0.07 ◯ 0.04×15

미로 찾기

토니는 스핑크스를 향해 사막을 지나가려고 합니다. 길을 찾아 선으로 이어 보시오.

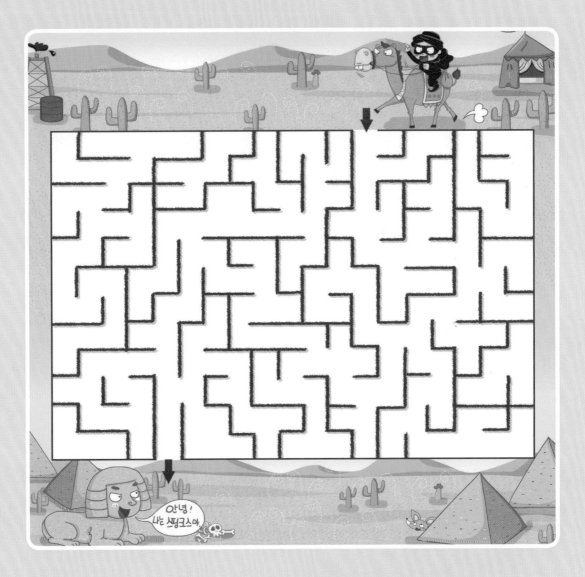

교과서 소수의 곱셈

단원 마무리 연산!

여러 가지 연산 문제로
단원을 마무리하여
연산왕에 도전해 보세요.

공부한 날 월 일 걸린 시간 분

1~15 계산을 하시오.

1
```
    0.6
×     7
```

2
```
    0.4
×     8
```

3
```
    3.2
×     9
```

4
```
    2.5
×     6
```

5
```
    1 3
× 0.7
```

6
```
    3 9
× 0.8
```

7
```
    1 1
× 7.5
```

8
```
    3 7
× 1.4
```

9
```
      1 5
× 4.2 8
```

10
```
    0.8
× 0.3
```

11
```
    0.6 9
×   0.4
```

12
```
    0.4 6
× 0.2 3
```

13
```
    2.3
× 7.6
```

14
```
    1 9.2
×   1.2
```

15
```
    1.4 1
× 2.4 5
```

16~39 계산을 하시오.

16 0.5×9

17 0.7×58

18 0.08×4

19 0.42×19

20 4.3×3

21 5.9×5

22 2.7×16

23 3.16×4

24 13×0.6

25 47×0.9

26 15×0.75

27 42×0.28

28 4×5.7

29 6×3.88

30 40×2.2

31 16×1.57

32 0.17×0.03

33 0.53×0.8

34 0.05×0.73

35 0.35×0.03

36 1.7×1.5

37 2.4×1.3

38 5.82×2.7

39 7.05×5.6

40~44 □ 안에 알맞은 수를 써넣으시오.

45~49 빈 곳에 두 수의 곱을 써넣으시오.

40
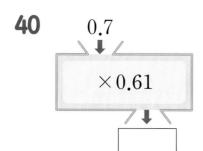

45
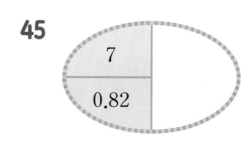

41
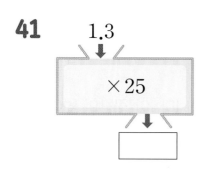

46
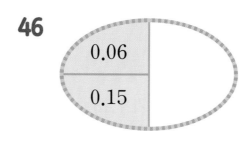

42
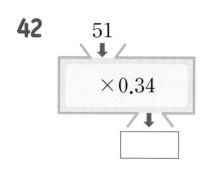

47
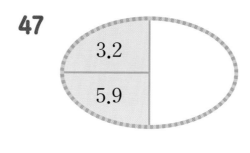

43
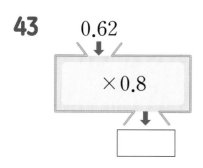

48
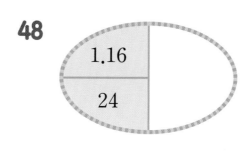

44
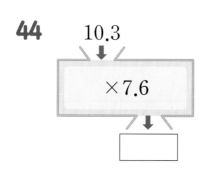

49
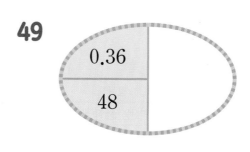

50 승호의 몸무게는 39 kg입니다. 아버지의 몸무게는 승호의 몸무게의 1.8배입니다. 아버지의 몸무게는 몇 kg입니까?

식 _____

답 _____

51 가로가 9.2 m, 세로가 7.18 m인 직사각형 모양의 꽃밭이 있습니다. 이 꽃밭의 넓이는 몇 m²입니까?

식 _____

답 _____

52 준석이는 매일 1.5시간씩 수영을 하였습니다. 준석이가 3주 동안 수영을 한 시간은 모두 몇 시간입니까?

식 _____

답 _____

실력 Check! 채점하여 자신의 실력을 확인해 보세요!

맞힌 개수		
	50개 이상	연산왕! 참 잘했어요!
개/52개	36~49개	틀린 문제를 점검해요!
	35개 이하	차근차근 다시 풀어요!

엄마의 확인 Note 칭찬할 점과 주의할 점을 써주세요!

정답확인

칭찬	
주의	

쏙셈 10권 45일 - 4

교과서 평균과 가능성

1 평균 구하기

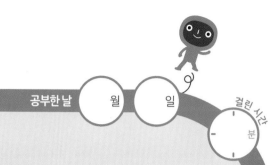

✔ 평균: 각 자료의 값을 모두 더하여 자료의 수로 나눈 값

$$(평균) = \frac{(자료\ 값의\ 합)}{(자료의\ 수)}$$

평균을 그 자료를 대표하는 값으로 정하면 편리해요.

예 가지고 있는 연필 수의 평균 구하기

가지고 있는 연필 수

이름	서연	준호	현진	미라
수(자루)	6	7	6	5

(연필 수의 합) $= 6+7+6+5 = 24$(자루)

➡ $(평균) = \dfrac{(연필\ 수의\ 합)}{(사람\ 수)} = \dfrac{24}{4} = 6$(자루)

1~6 자료의 평균을 구하시오.

1

| 10 | 16 | 7 |

(   )

4

| 40 | 32 | 48 | 40 |

(   )

2

| 38 | 12 | 22 |

(   )

5

| 24 | 8 | 17 | 19 | 32 |

(   )

3

| 13 | 27 | 14 | 18 |

(   )

6

| 15 | 39 | 42 | 18 | 56 |

(   )

자참자니 대로 자르세요.

7~18 자료의 평균을 구하시오.

7
| 17 21 31 |

( )

8
| 12 6 9 5 |

( )

9
| 26 34 33 |

( )

10
| 46 43 48 47 |

( )

11
| 28 36 40 16 |

( )

12
| 15 17 16 14 13 |

( )

13
| 229 214 256 |

( )

14
| 82 94 64 84 |

( )

15
| 18 20 18 15 24 |

( )

16
| 8 12 18 20 12 |

( )

17
| 102 130 114 150 |

( )

18
| 176 184 102 98 180 |

( )

19

오래 매달리기 기록

이름	지영	미리	서준	수호
기록(초)	14	28	19	15

(   )

23

수정이의 확인평가 점수

과목	국어	수학	사회	과학
점수(점)	75	90	83	92

(   )

20

마신 물의 양

이름	현우	유빈	연정
물의 양(L)	140	184	162

(   )

24

반별 동화책 수

반	1	2	3	4
동화책 수(권)	54	63	72	47

(   )

21

컴퓨터실을 이용한 학생 수

월	3	4	5	6
학생 수(명)	278	312	296	306

(   )

25

가지고 있는 사탕 수

이름	혜민	상우	유진	미영
사탕 수(개)	22	33	19	42

(   )

22

제기차기 기록

이름	성주	효진	지민	하은	선화
기록(개)	7	12	18	9	24

(   )

26

주영이의 타자 수

회	1회	2회	3회	4회
타자 수(타)	140	126	156	134

(   )

다른 그림 찾기

쑥셈 10권 46일 - 4

아래 사진에서 위 사진과 다른 부분 5군데를 모두 찾아 ○표 하시오.

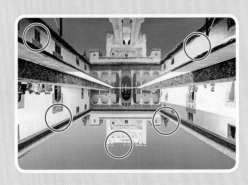

정답

교과서 평균과 가능성

② 평균 비교하기 (1)

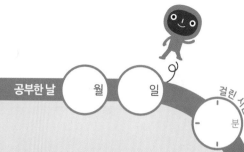

공부한 날 월 일

걸린 시간 분

✔ 평균을 구하여 두 자료를 비교할 수 있습니다.

예 혜원이와 성준이의 제기차기 기록 비교하기

혜원이의 기록

회	1회	2회	3회
기록(개)	7	9	8

성준이의 기록

회	1회	2회	3회	4회
기록(개)	5	4	8	11

$$(혜원이의 평균 기록)=\frac{7+9+8}{3}=8(개)$$

$$(성준이의 평균 기록)=\frac{5+4+8+11}{4}=7(개)$$

➡ 제기차기 평균 기록은 8 > 7이므로 혜원이가 성준이보다 더 잘했다고 말할 수 있습니다.

1~6 자료의 평균을 비교하여 ○ 안에 >, =, <를 알맞게 써넣으시오.

1

22 25 34

○ 25 35 24

4

57 42 30 43

○ 62 38 40 36

2

16 11 18

○ 12 19 11

5

32 46 29 28 25

○ 38 35 24 42 31

3

6 10 8

○ 7 9 11

6

14 17 19 18

○ 15 19 13 17

7

| 5 | 9 | 12 | 14 |

○

| 9 | 8 | 15 | 16 | 7 |

8

| 40 | 28 | 25 |

○

| 29 | 47 | 24 | 16 |

9

| 170 | 152 | 164 | 130 |

○

| 146 | 138 | 190 |

10

| 50 | 86 | 75 | 65 |

○

| 66 | 72 | 82 | 60 | 70 |

11

| 25 | 20 | 38 | 46 | 21 |

○

| 24 | 30 | 27 | 35 |

12

| 121 | 132 | 128 | 127 |

○

| 135 | 125 | 115 |

13

| 96 | 85 | 89 | 94 |

○

| 108 | 76 | 86 |

14

| 17 | 15 | 22 | 26 | 20 |

○

| 28 | 25 | 16 | 11 |

15

| 32 | 35 | 38 | 43 |

○

| 43 | 41 | 45 | 30 | 31 |

16

| 120 | 105 | 93 |

○

| 96 | 105 | 99 | 104 |

17

| 24 | 30 | 37 | 27 | 22 |

○

| 16 | 27 | 45 | 16 |

18

| 25 | 19 | 22 | 26 |

○

| 31 | 15 | 20 |

19 지은이의 국어 단원평가 점수

단원	1	2	3
점수(점)	95	90	94

○

정현이의 국어 단원평가 점수

단원	1	2	3
점수(점)	88	98	96

20 주호네 모둠의 고리 던지기 기록

이름	주호	영은	재성	병진
고리 수(개)	22	16	23	35

○

영주네 모둠의 고리 던지기 기록

이름	영주	윤희	혜진
고리 수(개)	28	26	18

21 봉사 동아리 회원의 나이

이름	준형	태우	선영
나이(살)	13	15	17

○

여행 동아리 회원의 나이

이름	민준	수아	진찬	상희
나이(살)	13	14	13	16

22 5학년 학생 수

반	1	2	3	4
학생 수(명)	29	31	32	24

○

6학년 학생 수

반	1	2	3
학생 수(명)	28	33	29

23 연성이의 오래 매달리기 기록

회	1회	2회	3회	4회
기록(초)	12	11	10	11

○

민호의 오래 매달리기 기록

회	1회	2회	3회	4회
기록(초)	10	11	9	10

숨은 그림 찾기

다음 그림에서 숨은 그림 5개를 모두 찾아 ○표 하시오.

색연필, 돛단배, 사탕, 오징어, 컵

교과서 평균과 가능성

3 평균 비교하기 (2)

공부한날 월 일

예) 반별 안경을 쓴 학생 수 비교하기

반별 안경을 쓴 남학생 수

반	1	2	3	4
학생 수(명)	8	7	4	5

반별 안경을 쓴 여학생 수

반	1	2	3	4
학생 수(명)	3	8	2	7

$$(안경을 \ 쓴 \ 남학생 \ 수의 \ 평균) = \frac{8+7+4+5}{4} = \frac{24}{4} = 6(명)$$

$$(안경을 \ 쓴 \ 여학생 \ 수의 \ 평균) = \frac{3+8+2+7}{4} = \frac{20}{4} = 5(명)$$

평균을 구하여 두 자료를 비교해 보요.

➡ 반별 안경을 쓴 학생 수의 평균은 남학생이 여학생보다 1명 더 많습니다.

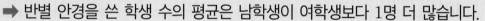

1~6 자료의 평균을 비교하여 ○ 안에 >, =, <를 알맞게 써넣으시오.

1

| 14 | 12 | 7 |

○

| 5 | 15 | 13 |

4

| 8 | 10 | 12 | 4 | 1 |

○

| 6 | 15 | 3 | 2 | 4 |

2

| 10 | 11 | 9 | 10 |

○

| 8 | 7 | 13 | 16 |

5

| 26 | 25 | 24 |

○

| 23 | 28 | 24 |

3

| 30 | 28 | 12 | 20 | 35 |

○

| 15 | 22 | 27 | 22 | 34 |

6

| 65 | 43 | 40 | 52 |

○

| 70 | 19 | 38 | 53 |

7

20　8　20

○　14　15　25　18

13

63　73　74

○　70　65　75　54

8

22　30　29　27

○　18　41　19

14

31　37　32　36

○　33　28　56

9

51　53　60　44

○　59　54　52

15

9　14　17　18　22

○　17　19　12

10

13　17　19　11　15

○　14　21　6　11

16

55　52　51　50

○　48　49　50　53　55

11

69　65　70　74　72

○　75　60　78

17

150　200　220　130

○　180　200　145

12

86　84　77　81

○　80　79　82　80　84

18

105　120　111

○　100　98　106　104

19~23 자료의 평균을 구하여 평균보다 더 큰 자료의 수를 구하시오.

19 나연이의 수학 단원평가 점수

단원	1	2	3	4	5	6
점수(점)	70	82	90	82	92	88

평균보다 점수가
높은 단원 수 ➡ ☐

20 호준이가 마신 우유의 양

요일	월	화	수	목	금
우유의 양(mL)	300	250	400	500	350

평균보다 우유를
많이 마신 날수 ➡ ☐

21 5학년 학생 수

반	1	2	3	4	5	6
학생 수(명)	28	31	26	27	22	28

평균보다 학생이
많은 반 수 ➡ ☐

22 100 m 달리기 기록

이름	진영	수민	한성	유하	장우
기록(초)	14	19	17	15	20

평균보다 기록이
느린 사람 수 ➡ ☐

23 요일별 최고 기온

요일	월	화	수	목	금	토	일
기온(℃)	14	16	10	13	17	18	17

평균보다 기온이
높은 날수 ➡ ☐

다른 그림 찾기

쑥셈 10권 48일 - 4

아래 그림에서 위 그림과 다른 부분 5군데를 모두 찾아 ○표 하시오.

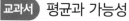

교과서 평균과 가능성

평균을 이용하여 자료 값 구하기

공부한 날   월   일

✔ (평균)=(자료 값의 합)÷(자료의 수)

➡ (자료 값의 합)=(평균)×(자료의 수)

예 줄넘기 기록의 평균이 29번일 때 3회의 기록 구하기

줄넘기 기록

회	1회	2회	3회	4회	5회
기록(번)	32	25		38	29

(기록의 합)=29×5=145(번)

➡ (3회의 기록)=145−32−25−38−29=21(번)

줄넘기 기록의 합은 (평균)×(자료의 수)로 구할 수 있어요.

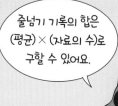

1~6 자료의 평균을 이용하여 □의 값을 구하시오.

1 6, 14, □ ── 평균: 9

(   )

4 26, □, 25, 28 ── 평균: 27

(   )

2 □, 56, 38 ── 평균: 42

(   )

5 □, 15, 6, 13, 8 ── 평균: 12

(   )

3 90, 87, □, 82 ── 평균: 86

(   )

6 48, □, 37, 23, 41 ── 평균: 37

(   )

7~18 자료의 평균을 이용하여 □의 값을 구하시오.

7 □, 36, 29 — 평균: 26

( )

13 □, 33, 32, 34 — 평균: 37

( )

8 14, □, 26, 24 — 평균: 21

( )

14 110, 107, □ — 평균: 115

( )

9 52, 45, 34, □ — 평균: 43

( )

15 15, 6, 15, □, 17 — 평균: 13

( )

10 88, □, 72, 96, 84 — 평균: 82

( )

16 22, □, 29, 16, 28 — 평균: 22

( )

11 76, □, 43 — 평균: 61

( )

17 □, 75, 64, 72, 84 — 평균: 72

( )

12 134, 138, 152, □ — 평균: 147

( )

18 19, □, 24, 16 — 평균: 20

( )

19 100 m 달리기 기록

이름	희영	하준	재정	평균
기록(초)	17		22	18

24 학생들의 키

이름	현정	미진	영호	평균
키(cm)		142	137	138

20 지우의 팔굽혀펴기 기록

회	1회	2회	3회	4회	평균
기록(번)		24	19	23	23

25 반별 먹은 햄버거 수

반	1	2	3	4	평균
수(개)	32		28	33	31

21 단원별 수학 점수

단원	1	2	3	4	평균
점수(점)	90	92	85		89

26 유리의 독서 시간

요일	월	화	수	평균
시간(분)	45	35		40

22 가지고 있는 구슬 수

이름	지용	채원	중기	평균
구슬 수(개)	78	65		72

27 민영이의 공 던지기 기록

회	1회	2회	3회	평균
기록(m)	20		27	25

23 사과 수확량

연도	2016	2017	2018	평균
수확량(kg)	500		430	460

28 전학생 수

학년	3	4	5	6	평균
전학생 수(명)		17	21	18	18

시간을 잃어버린 공중 도시, 마추픽추

교과서 평균과 가능성

단원 마무리 연산!

여러 가지 연산 문제로
단원을 마무리하여
연산왕에 도전해 보세요.

공부한날   월   일

걸린 시간
분

1~10 자료의 평균을 구하시오.

1

| 24 | 37 | 35 |

(   )

2

| 15 | 28 | 11 |

(   )

3

| 76 | 63 | 59 |

(   )

4

| 52 | 44 | 36 | 68 |

(   )

5

| 90 | 83 | 75 | 92 |

(   )

6

| 53 | 54 | 67 | 78 |

(   )

7

| 131 | 128 | 152 | 141 |

(   )

8

| 65 | 54 | 76 | 81 | 69 |

(   )

9

| 32 | 45 | 39 | 41 | 33 |

(   )

10

| 240 | 210 | 155 | 160 | 135 |

(   )

절취선 대로 자르세요.

11

| 43 | 46 | 52 | 47 |

○

| 64 | 49 | 31 |

16

34, 38, □ ── 평균: 36

( )

12

| 29 | 17 | 19 | 23 |

○

| 19 | 24 | 26 |

17

□, 72, 93 ── 평균: 84

( )

13

| 76 | 89 | 64 | 60 | 51 |

○

| 70 | 56 | 71 | 67 |

18

58, □, 64, 50 ── 평균: 57

( )

14

| 105 | 104 | 100 |

○

| 95 | 99 | 115 | 103 |

19

□, 156, 122, 139 ── 평균: 140

( )

20

72, 71, 64, 77, □ ── 평균: 74

( )

15

| 27 | 36 | 43 | 46 | 38 |

○

| 32 | 33 | 38 | 45 |

21

96, 87, 105, □, 92 ── 평균: 98

( )

22~24 표를 보고 자료의 평균을 비교하여 ○ 안에 >, =, <를 알맞게 써넣으시오.

22 유정이의 투호 놀이 기록

회	1회	2회	3회	4회
기록(개)	11	9	7	9

지원이의 투호 놀이 기록

◯

회	1회	2회	3회
기록(개)	8	10	12

23 다경이의 피아노 연습 시간

요일	월	화	수	목
시간(분)	45	30	50	55

상현이의 피아노 연습 시간

◯

요일	월	화	목	금
시간(분)	55	40	35	46

24 혜림이네 가족의 키

가족	아버지	어머니	혜림	동생
키(cm)	176	165	142	137

태현이네 가족의 키

◯

가족	아버지	어머니	태현
키(cm)	180	158	145

25~29 자료의 평균을 이용하여 표의 빈칸에 알맞은 수를 써넣으시오.

25 가지고 있는 공책 수

이름	현우	새론	소정	평균
수(권)	17		21	18

26 효은이의 단원평가 점수

과목	국어	수학	과학	평균
점수(점)		89	95	92

27 주차된 자동차 수

층	1	2	3	4	평균
수(대)	69	72		54	64

28 명진이의 제자리 멀리뛰기 기록

회	1회	2회	3회	4회	평균
기록(cm)	105	108	96		101

29 참외 수확량

연도	2015	2016	2017	2018	평균
수확량(kg)	720		690	730	705

30 오른쪽은 정화가 마신 우유의 양을 나타낸 표입니다. 정화가 3일 동안 마신 우유의 양의 평균은 몇 mL입니까?

마신 우유의 양

요일	월	화	수
우유의 양(mL)	360	440	370

답 _____

31 오른쪽은 현승이와 선주가 모은 빈 병의 수를 나타낸 표입니다. 모은 빈 병의 수의 평균이 더 많은 사람은 누구입니까?

두 사람이 모은 빈 병의 수

이름 \ 월	1	2	3	4
현승	19개	20개	17개	16개
선주	17개	22개	18개	19개

답 _____

32 혜리네 모둠 학생들의 턱걸이 기록을 나타낸 표입니다. 혜리네 모둠 학생들의 턱걸이 기록 평균이 12회일 때 우성이의 턱걸이 기록은 몇 회입니까?

턱걸이 기록

이름	혜리	보라	우성	주혁
기록(회)	3	13		14

답 _____

Check! 채점하여 자신의 실력을 확인해 보세요!

맞힌 개수	30개 이상	연산왕! 참 잘했어요!
개/32개	23~29개	틀린 문제를 점검해요!
	22개 이하	차근차근 다시 풀어요!

엄마의 확인 Note 칭찬할 점과 주의할 점을 써주세요!

정답확인

칭찬	
주의	

쏙셈 10권 **50일** - 4

교과서 수의 범위와 어림하기

❶ 이상과 이하 1주 1일차

1 16, 22, 18, 50에 ○표
2 26, 21, 30에 ○표
3 42, 54, 40에 ○표
4 85, 91에 ○표
5 14, 25, 6에 ○표
6 39, 31, 22, 8에 ○표
7 45, 67, 53에 ○표
8 75, 90, 88, 69에 ○표
9 19.2, 14, 28
10 27, 30.2, 55.6
11 59, 73, 91, 88
12 75.6, 72
13 181, 190
14 11, 9.6, 6
15 31, 29.5, 30.8, 16
16 52, 48, 50.7
17 62, 63.9, 64
18 185, 190, 177.3
19 9, 11.5
20 26, 13.6, 15, 19.8
21 71, 66, 67
22 75, 90, 87.4, 76
23 11, 17.2, 20, 14.3
24 16, 23.5, 29, 17.4
25 70, 59.2, 66, 69, 58
26 66, 70.5, 79, 78.4

마무리 연산 퍼즐 단백질, 식이섬유

❷ 초과와 미만 1주 2일차

1 20, 32에 ○표
2 30, 29, 41에 ○표
3 42, 65, 58에 ○표
4 66, 68, 87, 72에 ○표
5 11, 8, 15에 ○표
6 23, 16, 7에 ○표
7 30, 11, 28에 ○표
8 73, 61, 47, 39에 ○표
9 16.2, 23, 18
10 23.8, 32, 30
11 39.2, 42, 38.4
12 55.2, 58.8, 57
13 162.3, 178
14 11, 8, 13
15 23, 15, 7
16 32.6, 22
17 48, 47.9, 50
18 168, 171.9, 144
19 8.5, 12
20 18, 22
21 29, 31.7, 35
22 38, 52.9
23 18.3, 27, 19.6
24 31.5, 29, 27.5
25 45.2, 54, 52.6
26 56, 54.8, 55.9, 57

❸ 이상, 이하, 초과, 미만 1주 3일차

1 12, 7, 14에 ○표
2 13, 19에 ○표
3 31, 24, 28에 ○표
4 47, 45, 55에 ○표
5 11, 14에 ○표
6 22, 23, 17에 ○표
7 43, 48, 50, 46에 ○표
8 65, 63, 58에 ○표
9 16, 22, 19.3
10 30, 32.5, 34
11 53, 58.4, 55
12 60, 61.5, 66.8, 64
13 173.2, 178, 179.5
14 16, 17.5, 22, 15
15 33.5, 34, 31
16 37, 41.8, 42
17 49, 54.3, 55
18 170, 172, 163.7, 168
19 9, 10, 11, 12, 13
20 22, 23, 24, 25, 26, 27, 28, 29
21 56, 57, 58, 59, 60
22 78, 79, 80, 81, 82, 83
23 16, 17
24 27, 28, 29, 30, 31, 32, 33
25 69, 70, 71, 72, 73
26 90, 91, 92

마무리 연산 퍼즐 ③

④ 올림(1)

1주 4일차

1	360	2	900	3	1430
4	2200	5	6000	6	27600
7	19000	8	80000	9	9
10	9.5	11	490	12	800
13	630	14	1970	15	4200
16	5300	17	9000	18	51210
19	25500	20	47000	21	80000
22	3	23	4.2	24	7.51
25	690	26	600	27	3550
28	4100	29	3000	30	12990
31	56000	32	70000	33	5
34	6.4				

마무리 연산 퍼즐

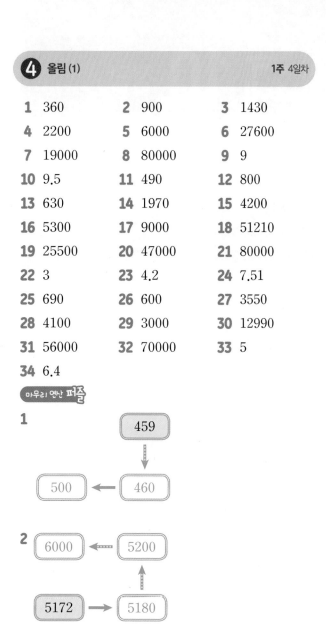

1

459

500 ← 460

2

6000 ⇠ 5200

↑

5172 → 5180

3

34700 ← 34687 ⇢ 40000

↓

35000 ⇠ 34690

⑤ 올림(2)

1주 5일차

1	280	2	700
3	2110	4	3600
5	8000	6	80170
7	50000	8	20000
9	3.9	10	9.24

11	760	12	900
13	800	14	1220
15	3500	16	4600
17	7000	18	63310
19	39500	20	49000
21	30000	22	2
23	4.9	24	8.57
25	470, 500	26	840, 900
27	1260, 1300	28	3700, 4000
29	4170, 5000	30	21060, 21100
31	63500, 64000	32	86000, 90000
33	8, 7.2	34	8.6, 8.57

⑥ 버림(1)

2주 1일차

1	250	2	400
3	2680	4	3700
5	9000	6	27200
7	65000	8	20000
9	4	10	8.71
11	320	12	700
13	980	14	1750
15	2700	16	4600
17	6000	18	47840
19	16900	20	56000
21	80000	22	3
23	2.7	24	5.24
25	640	26	100
27	1570	28	2800
29	8000	30	15470
31	76000	32	50000
33	7.1	34	6.93

마무리 연산 퍼즐 진숙

❼ 버림 (2)

1	700	**2**	1520
3	3600	**4**	6000
5	26940	**6**	57000
7	40000	**8**	7
9	6	**10**	2.15
11	290	**12**	900
13	570	**14**	100
15	3410	**16**	9700
17	4000	**18**	37850
19	64200	**20**	91000
21	80000	**22**	9
23	2.7	**24**	6.33
25	790, 700	**26**	800, 800
27	2940, 2900	**28**	3600, 3000
29	7260, 7000	**30**	13410, 13400
31	37600, 37000	**32**	91000, 90000
33	6, 6.9	**34**	7.8, 7.84

❽ 반올림 (1)

1	260	**2**	300
3	6420	**4**	3500
5	8000	**6**	12900
7	27000	**8**	90000
9	6.22	**10**	7.8
11	260	**12**	400
13	380	**14**	700

15	2570	**16**	3400
17	9000	**18**	21580
19	19300	**20**	65000
21	80000	**22**	4
23	3	**24**	7.59
25	620	**26**	800
27	2130	**28**	2000
29	7000	**30**	20100
31	64000	**32**	40000
33	10	**34**	5.6

마무리 연산 퍼즐 박혁수

❾ 반올림 (2)

1	370	**2**	200
3	2650	**4**	1900
5	16960	**6**	63000
7	90000	**8**	3
9	4.2	**10**	3.16
11	460	**12**	900
13	610	**14**	2980
15	3000	**16**	8800
17	6000	**18**	45210
19	17900	**20**	64000
21	30000	**22**	7
23	4.2	**24**	7.31
25	740, 700	**26**	460, 500
27	1570, 1600	**28**	3600, 4000
29	9330, 9000	**30**	35420, 35400
31	65800, 66000	**32**	45000, 40000
33	7, 7.1	**34**	8.2, 8.16

1 12, 12.9, 16.8   **2** 37, 38.1, 40, 39.4

3 43, 24.7, 45, 31   **4** 21, 22, 19, 17.8

5 66, 80, 72   **6** 53.5, 61, 70.2

7 24, 38.6, 11   **8** 55, 69.3, 66

9 350   **10** 6000

11 23900   **12** 3.57

13 400   **14** 2480

15 70000   **16** 6.1

17 250   **18** 2000

19 50000   **20** 6.53

21 11, 12, 13, 14, 15, 16, 17

22 22, 23, 24, 25, 26, 27, 28

23 36, 37, 38, 39, 40

24 29, 30, 31, 32, 33

25 6430, 6400

26 4000, 3600

27 57830, 58000

28 3, 2

29 1200원

30 50개

31 13개

교과서 **분수의 곱셈**

❶ (진분수)×(자연수) (1)   3주 1일차

1 $\frac{2}{3}$ **2** $1\frac{1}{2}$ **3** 3   **4** 3

5 $3\frac{3}{7}$ **6** $2\frac{1}{2}$ **7** $3\frac{1}{2}$ **8** $4\frac{2}{7}$

9 $7\frac{1}{2}$ **10** $6\frac{2}{3}$ **11** $2\frac{2}{3}$ **12** $1\frac{2}{3}$

13 $7\frac{1}{5}$ **14** $10\frac{1}{2}$ **15** $13\frac{1}{3}$ **16** $1\frac{1}{4}$

17 $1\frac{1}{7}$ **18** 4   **19** $\frac{1}{2}$ **20** $2\frac{1}{2}$

21 $3\frac{1}{3}$ **22** 21   **23** $5\frac{2}{3}$ **24** $\frac{9}{10}$

25 $4\frac{1}{5}$ **26** $8\frac{1}{4}$ **27** 10   **28** $3\frac{11}{13}$

29 $3\frac{1}{3}$ **30** $3\frac{1}{2}$ **31** $22\frac{1}{2}$ **32** $6\frac{3}{4}$

33 $3\frac{3}{11}$ **34** $4\frac{2}{5}$ **35** $9\frac{3}{4}$ **36** $18\frac{3}{4}$

37 $3\frac{1}{2}$ **38** $3\frac{1}{3}$ **39** 35   **40** $16\frac{1}{2}$

41 $22\frac{1}{2}$ **42** (위에서부터) 2, 1

43 (위에서부터) $1\frac{3}{4}$, 2

44 (위에서부터) $3\frac{3}{10}$, $1\frac{1}{2}$

45 (위에서부터) $3\frac{1}{5}$, $2\frac{2}{25}$

마무리 연산 **퍼즐** ②

❷ (진분수)×(자연수) (2)   3주 2일차

1 $\frac{3}{5}$ **2** $1\frac{1}{2}$ **3** $4\frac{4}{9}$ **4** $3\frac{3}{7}$

5 $7\frac{1}{2}$ **6** $2\frac{1}{2}$ **7** $7\frac{1}{3}$ **8** 10

9 $4\frac{1}{2}$ **10** $2\frac{8}{11}$ **11** 16   **12** $11\frac{2}{3}$

13 18   **14** $17\frac{1}{2}$ **15** $9\frac{2}{7}$ **16** $1\frac{1}{2}$

17 $4\frac{4}{5}$ | 18 $\frac{1}{4}$ | 19 $1\frac{1}{6}$ | 20 $4\frac{1}{2}$

21 $4\frac{2}{3}$ | 22 $1\frac{7}{11}$ | 23 $8\frac{1}{2}$ | 24 $13\frac{1}{2}$

25 12 | 26 18 | 27 $6\frac{1}{2}$ | 28 $6\frac{2}{13}$

29 18 | 30 $5\frac{3}{4}$ | 31 20 | 32 $13\frac{1}{11}$

33 $9\frac{3}{4}$ | 34 $32\frac{1}{2}$ | 35 $5\frac{21}{23}$ | 36 $13\frac{1}{3}$

37 $1\frac{1}{2}$ | 38 $2\frac{1}{2}$ | 39 $3\frac{1}{2}$ | 40 $3\frac{2}{3}$

41 $8\frac{2}{3}$ | 42 $11\frac{1}{3}$ | 43 26 | 44 $7\frac{1}{9}$

45 $6\frac{1}{2}$

21 26 | 22 $28\frac{1}{2}$ | 23 $14\frac{1}{2}$ | 24 $12\frac{6}{7}$

25 $18\frac{1}{2}$ | 26 $19\frac{1}{3}$ | 27 $13\frac{1}{3}$ | 28 $16\frac{2}{3}$

29 $7\frac{3}{4}$ | 30 $32\frac{1}{2}$ | 31 $9\frac{1}{5}$ | 32 15

33 $54\frac{1}{2}$ | 34 $3\frac{5}{11}$ | 35 75 | 36 $8\frac{5}{6}$

37 8 | 38 $4\frac{4}{5}$ | 39 $4\frac{1}{2}$ | 40 $5\frac{1}{2}$

41 $8\frac{1}{6}$ | 42 $11\frac{1}{2}$ | 43 30 | 44 $15\frac{5}{7}$

45 $35\frac{1}{4}$ | 46 $14\frac{4}{13}$

마무리 연산 퍼즐 강성연

마무리 연산 퍼즐

$\frac{2}{5}\times4$	$\frac{7}{10}\times30$	$\frac{3}{7}\times21$	출발
$\frac{3}{14}\times6$	$\frac{5}{6}\times24$	$\frac{5}{9}\times6$	$\frac{7}{12}\times8$
$\frac{7}{9}\times15$	$\frac{4}{5}\times15$	$\frac{3}{8}\times16$	$\frac{8}{15}\times3$
$\frac{9}{16}\times8$	$\frac{3}{20}\times16$	$\frac{4}{9}\times36$	$\frac{2}{5}\times11$
도착	$\frac{1}{4}\times24$	$\frac{5}{12}\times24$	$\frac{7}{8}\times15$

---

❸ (대분수)×(자연수) (1)   **3주 3일차**

1 $2\frac{2}{3}$ | 2 6 | 3 $10\frac{5}{6}$ | 4 15

5 26 | 6 14 | 7 $18\frac{2}{3}$ | 8 $4\frac{2}{3}$

9 $29\frac{1}{2}$ | 10 $12\frac{3}{7}$ | 11 $11\frac{1}{3}$ | 12 60

13 $4\frac{3}{8}$ | 14 $15\frac{1}{2}$ | 15 $62\frac{2}{3}$ | 16 $8\frac{4}{5}$

17 $6\frac{2}{3}$ | 18 $6\frac{1}{2}$ | 19 $12\frac{5}{6}$ | 20 $12\frac{3}{4}$

---

❹ (대분수)×(자연수) (2)   **3주 4일차**

1 6 | 2 15 | 3 $5\frac{1}{2}$ | 4 $6\frac{1}{2}$

5 $6\frac{6}{7}$ | 6 $29\frac{1}{3}$ | 7 $9\frac{6}{11}$ | 8 $21\frac{3}{4}$

9 $3\frac{1}{4}$ | 10 $7\frac{1}{3}$ | 11 $27\frac{1}{2}$ | 12 $13\frac{1}{2}$

13 46 | 14 $23\frac{1}{4}$ | 15 $36\frac{2}{3}$ | 16 $11\frac{2}{3}$

17 18 | 18 18 | 19 $7\frac{1}{2}$ | 20 $10\frac{1}{5}$

21 $13\frac{1}{3}$ | 22 $11\frac{3}{7}$ | 23 $2\frac{3}{7}$ | 24 $18\frac{2}{5}$

25 $16\frac{1}{2}$ | 26 $25\frac{1}{2}$ | 27 $13\frac{2}{3}$ | 28 $2\frac{3}{14}$

29 $11\frac{1}{3}$ | 30 $28\frac{2}{7}$ | 31 $14\frac{1}{2}$ | 32 $12\frac{2}{5}$

33 $18\frac{3}{4}$ | 34 $31\frac{1}{2}$ | 35 $11\frac{2}{3}$ | 36 82

37 $4\frac{2}{5}$ | 38 $7\frac{1}{2}$ | 39 $9\frac{3}{4}$ | 40 $11\frac{1}{2}$

41 $12\frac{3}{5}$ | 42 14 | 43 $7\frac{3}{5}$ | 44 $22\frac{6}{7}$

45 $18\frac{1}{2}$ | 46 $18\frac{1}{3}$

❺ (자연수)×(진분수) (1)

1. $\dfrac{3}{4}$
2. $\dfrac{1}{3}$
3. $1\dfrac{5}{7}$
4. $3\dfrac{1}{2}$
5. 9
6. $2\dfrac{1}{3}$
7. $2\dfrac{5}{7}$
8. $\dfrac{9}{10}$
9. 6
10. $5\dfrac{2}{5}$
11. $4\dfrac{4}{5}$
12. $5\dfrac{1}{4}$
13. 16
14. $22\dfrac{1}{2}$
15. $12\dfrac{1}{2}$
16. $1\dfrac{2}{3}$
17. 2
18. $1\dfrac{4}{5}$
19. $4\dfrac{1}{2}$
20. $1\dfrac{1}{6}$
21. 4
22. $2\dfrac{1}{3}$
23. $4\dfrac{4}{5}$
24. $3\dfrac{6}{13}$
25. 4
26. $2\dfrac{1}{3}$
27. $1\dfrac{1}{3}$
28. $11\dfrac{1}{3}$
29. 15
30. $3\dfrac{1}{3}$
31. $2\dfrac{6}{11}$
32. $3\dfrac{3}{5}$
33. $5\dfrac{1}{7}$
34. $1\dfrac{2}{3}$
35. 16
36. $7\dfrac{7}{9}$
37. 15
38. $16\dfrac{1}{2}$
39. $6\dfrac{2}{3}$
40. $9\dfrac{1}{6}$
41. $\dfrac{3}{4}$, $1\dfrac{2}{3}$
42. $1\dfrac{1}{2}$, $4\dfrac{1}{5}$
43. $3\dfrac{1}{3}$, $\dfrac{3}{4}$
44. $7\dfrac{1}{2}$, $2\dfrac{10}{13}$
45. $8\dfrac{1}{2}$, $2\dfrac{8}{9}$

마무리 연산 퍼즐 $4\dfrac{1}{2}$ g

21. $3\dfrac{3}{4}$
22. $\dfrac{15}{16}$
23. $3\dfrac{7}{11}$
24. 10
25. $4\dfrac{1}{3}$
26. $7\dfrac{1}{5}$
27. $5\dfrac{4}{7}$
28. 16
29. $2\dfrac{4}{5}$
30. $4\dfrac{1}{5}$
31. $6\dfrac{1}{2}$
32. $26\dfrac{2}{3}$
33. $5\dfrac{5}{6}$
34. $15\dfrac{3}{4}$
35. 10
36. $34\dfrac{2}{3}$
37. $4\dfrac{2}{3}$
38. $1\dfrac{1}{2}$
39. $3\dfrac{11}{13}$
40. $2\dfrac{1}{3}$
41. $13\dfrac{1}{2}$
42. $3\dfrac{3}{4}$
43. 12
44. $4\dfrac{1}{5}$
45. $8\dfrac{1}{4}$
46. $7\dfrac{1}{2}$

마무리 연산 퍼즐 금란지교

❻ (자연수)×(진분수) (2)

1. $\dfrac{1}{6}$
2. $1\dfrac{1}{3}$
3. 4
4. $1\dfrac{5}{9}$
5. 6
6. $1\dfrac{1}{2}$
7. $1\dfrac{1}{2}$
8. $3\dfrac{3}{4}$
9. $7\dfrac{1}{2}$
10. $4\dfrac{4}{5}$
11. $4\dfrac{2}{7}$
12. $6\dfrac{2}{3}$
13. $22\dfrac{1}{2}$
14. 30
15. $14\dfrac{2}{3}$
16. $1\dfrac{3}{5}$
17. $1\dfrac{1}{4}$
18. $2\dfrac{6}{7}$
19. $\dfrac{1}{2}$
20. $2\dfrac{2}{5}$

❼ (자연수)×(대분수) (1)

1. $2\dfrac{1}{2}$
2. $6\dfrac{3}{5}$
3. $7\dfrac{1}{2}$
4. $7\dfrac{1}{3}$
5. 12
6. $18\dfrac{2}{3}$
7. $7\dfrac{2}{3}$
8. 22
9. $16\dfrac{1}{4}$
10. $36\dfrac{4}{5}$
11. $28\dfrac{1}{2}$
12. $10\dfrac{4}{5}$
13. 52
14. $46\dfrac{1}{2}$
15. $42\dfrac{1}{2}$
16. $7\dfrac{1}{2}$
17. $2\dfrac{4}{5}$
18. $8\dfrac{2}{3}$
19. $15\dfrac{1}{2}$
20. 22
21. $12\dfrac{2}{3}$
22. $11\dfrac{1}{3}$
23. $14\dfrac{2}{7}$
24. 30
25. $18\dfrac{2}{3}$
26. $18\dfrac{2}{3}$
27. $13\dfrac{3}{7}$
28. $5\dfrac{1}{5}$
29. 62
30. $10\dfrac{13}{14}$
31. $14\dfrac{2}{3}$
32. $25\dfrac{2}{3}$
33. 38
34. $23\dfrac{1}{2}$
35. 143
36. $72\dfrac{1}{2}$
37. $19\dfrac{1}{2}$
38. $8\dfrac{1}{2}$
39. $14\dfrac{2}{5}$
40. 13
41. $18\dfrac{1}{2}$
42. $15\dfrac{3}{4}$
43. $34\dfrac{2}{3}$
44. $18\dfrac{1}{2}$
45. $23\dfrac{2}{5}$
46. 78

❽ (자연수)×(대분수) (2)

1. $10\frac{1}{2}$ 2. $2\frac{2}{7}$ 3. 4   4. $4\frac{1}{2}$

5. $11\frac{1}{2}$ 6. $14\frac{2}{3}$ 7. $5\frac{4}{5}$ 8. $42\frac{1}{2}$

9. $10\frac{1}{5}$ 10. $19\frac{1}{3}$ 11. $10\frac{2}{9}$ 12. 33

13. $25\frac{1}{2}$ 14. 76   15. $52\frac{1}{2}$ 16. $5\frac{1}{3}$

17. $4\frac{1}{3}$ 18. $10\frac{1}{2}$ 19. $6\frac{2}{3}$ 20. $8\frac{4}{7}$

21. $24\frac{2}{3}$ 22. $16\frac{2}{3}$ 23. $8\frac{1}{3}$ 24. $12\frac{4}{5}$

25. $21\frac{1}{4}$ 26. 60   27. $10\frac{2}{5}$ 28. $9\frac{3}{5}$

29. $11\frac{2}{3}$ 30. 60   31. $5\frac{3}{4}$ 32. $34\frac{1}{2}$

33. $31\frac{1}{5}$ 34. $10\frac{1}{4}$ 35. 30   36. $103\frac{1}{2}$

37. $9\frac{1}{2}$ 38. $5\frac{2}{3}$ 39. $9\frac{1}{2}$ 40. $7\frac{1}{3}$

41. $9\frac{2}{3}$ 42. $13\frac{5}{7}$, 36, $11\frac{1}{3}$

43. 17, $12\frac{3}{5}$, $8\frac{3}{11}$ 44. $30\frac{1}{3}$, $14\frac{1}{2}$, $15\frac{4}{11}$

45. 40, 51, $25\frac{1}{2}$ 46. $25\frac{1}{2}$, 56, 72

마무리 연산 퍼즐 (왼쪽에서부터) 65, 36, $25\frac{1}{3}$, $246\frac{2}{3}$

❾ (단위분수)×(단위분수)

1. $\frac{1}{21}$ 2. $\frac{1}{10}$ 3. $\frac{1}{32}$ 4. $\frac{1}{55}$

5. $\frac{1}{36}$ 6. $\frac{1}{54}$ 7. $\frac{1}{48}$ 8. $\frac{1}{49}$

9. $\frac{1}{30}$ 10. $\frac{1}{42}$ 11. $\frac{1}{66}$ 12. $\frac{1}{90}$

13. $\frac{1}{84}$ 14. $\frac{1}{140}$ 15. $\frac{1}{168}$ 16. $\frac{1}{40}$

17. $\frac{1}{14}$ 18. $\frac{1}{12}$ 19. $\frac{1}{36}$ 20. $\frac{1}{18}$

21. $\frac{1}{65}$ 22. $\frac{1}{40}$ 23. $\frac{1}{154}$ 24. $\frac{1}{117}$

25. $\frac{1}{84}$ 26. $\frac{1}{128}$ 27. $\frac{1}{180}$ 28. $\frac{1}{252}$

29. $\frac{1}{140}$ 30. $\frac{1}{280}$ 31. $\frac{1}{129}$ 32. $\frac{1}{374}$

33. $\frac{1}{192}$ 34. $\frac{1}{220}$ 35. $\frac{1}{189}$ 36. $\frac{1}{180}$

37. $\frac{1}{20}$ 38. $\frac{1}{54}$ 39. $\frac{1}{80}$ 40. $\frac{1}{42}$

41. (위에서부터) $\frac{1}{32}, \frac{1}{126} / \frac{1}{28}, \frac{1}{144}$

42. (위에서부터) $\frac{1}{60}, \frac{1}{30} / \frac{1}{36}, \frac{1}{50}$

43. (위에서부터) $\frac{1}{216}, \frac{1}{72} / \frac{1}{81}, \frac{1}{192}$

44. (위에서부터) $\frac{1}{105}, \frac{1}{496} / \frac{1}{240}, \frac{1}{217}$

마무리 연산 퍼즐 10

❿ (진분수)×(단위분수)

1. $\frac{3}{35}$ 2. $\frac{5}{24}$ 3. $\frac{7}{16}$ 4. $\frac{23}{80}$

5. $\frac{4}{63}$ 6. $\frac{7}{18}$ 7. $\frac{9}{100}$ 8. $\frac{5}{42}$

9. $\frac{4}{65}$ 10. $\frac{7}{60}$ 11. $\frac{10}{51}$ 12. $\frac{11}{168}$

13. $\frac{19}{120}$ 14. $\frac{37}{180}$ 15. $\frac{13}{350}$ 16. $\frac{3}{16}$

17. $\frac{7}{72}$ 18. $\frac{5}{12}$ 19. $\frac{2}{25}$ 20. $\frac{6}{77}$

21. $\frac{11}{48}$ 22. $\frac{5}{54}$ 23. $\frac{15}{38}$ 24. $\frac{11}{60}$

25. $\frac{13}{380}$ 26. $\frac{5}{112}$ 27. $\frac{7}{200}$ 28. $\frac{1}{28}$

29. $\frac{4}{165}$ 30. $\frac{20}{351}$ 31. $\frac{9}{290}$ 32. $\frac{31}{420}$

33. $\frac{3}{200}$ 34. $\frac{7}{156}$ 35. $\frac{13}{400}$ 36. $\frac{5}{357}$

37. $\frac{19}{130}$ 38. $\frac{3}{190}$ 39. $\frac{5}{108}$ 40. $\frac{7}{165}$

41. $\frac{29}{132}$ 42. $\frac{7}{27}, \frac{7}{54}$ 43. $\frac{12}{37}, \frac{4}{37}$

44. $\frac{3}{20}, \frac{3}{140}$ 45. $\frac{5}{56}, \frac{1}{56}$ 46. $\frac{2}{39}, \frac{2}{117}$

마무리 연산 퍼즐 16545610

1 $\dfrac{5}{8}$　2 $\dfrac{4}{11}$　3 $\dfrac{2}{15}$　4 $\dfrac{1}{9}$

5 $\dfrac{3}{22}$　6 $\dfrac{4}{15}$　7 $\dfrac{18}{65}$　8 $\dfrac{12}{55}$

9 $\dfrac{5}{11}$　10 $\dfrac{12}{23}$　11 $\dfrac{10}{19}$　12 $\dfrac{9}{40}$

13 $\dfrac{1}{6}$　14 $\dfrac{2}{5}$　15 $\dfrac{2}{9}$　16 $\dfrac{7}{10}$

17 $\dfrac{2}{3}$　18 $\dfrac{27}{50}$　19 $\dfrac{10}{29}$　20 $\dfrac{35}{52}$

21 $\dfrac{4}{49}$　22 $\dfrac{8}{27}$　23 $\dfrac{1}{4}$　24 $\dfrac{1}{3}$

25 $\dfrac{7}{100}$　26 $\dfrac{5}{57}$　27 $\dfrac{77}{180}$　28 $\dfrac{1}{16}$

29 $\dfrac{5}{42}$　30 $\dfrac{13}{60}$　31 $\dfrac{51}{124}$　32 $\dfrac{6}{13}$

33 $\dfrac{1}{6}$　34 $\dfrac{5}{16}$　35 $\dfrac{4}{7}$　36 $\dfrac{5}{12}$

37 $\dfrac{16}{21}$　38 $\dfrac{3}{14}$　39 $\dfrac{9}{32}$　40 $\dfrac{2}{3}$

41 $\dfrac{24}{31}$　42 $\dfrac{1}{6}$　43 $\dfrac{1}{12}$　44 $\dfrac{5}{48}$

45 $\dfrac{12}{49}$　46 $\dfrac{14}{53}$

아무리 연산 퍼즐 빨간색

1 $\dfrac{9}{14}$　2 $\dfrac{8}{15}$　3 $\dfrac{3}{20}$　4 $\dfrac{20}{63}$

5 $\dfrac{3}{7}$　6 $\dfrac{9}{20}$　7 $\dfrac{5}{42}$　8 $\dfrac{1}{20}$

9 $\dfrac{5}{36}$　10 $\dfrac{11}{40}$　11 $\dfrac{3}{10}$　12 $\dfrac{7}{33}$

13 $\dfrac{9}{170}$　14 $\dfrac{3}{10}$　15 $\dfrac{5}{16}$　16 $\dfrac{5}{7}$

17 $\dfrac{5}{12}$　18 $\dfrac{7}{12}$　19 $\dfrac{3}{14}$　20 $\dfrac{35}{96}$

21 $\dfrac{11}{26}$　22 $\dfrac{1}{4}$　23 $\dfrac{2}{11}$　24 $\dfrac{1}{4}$

25 $\dfrac{12}{91}$　26 $\dfrac{5}{56}$　27 $\dfrac{3}{20}$　28 $\dfrac{27}{119}$

29 $\dfrac{2}{25}$　30 $\dfrac{17}{38}$　31 $\dfrac{3}{16}$　32 $\dfrac{35}{144}$

33 $\dfrac{3}{13}$　34 $\dfrac{4}{45}$　35 $\dfrac{9}{17}$　36 $\dfrac{3}{8}$

37 $\dfrac{5}{14}$　38 $\dfrac{7}{36}$　39 $\dfrac{5}{8}$　40 $\dfrac{20}{63}$

41 $\dfrac{2}{9}$　42 (위에서부터) $\dfrac{8}{25}$, $\dfrac{4}{5}$

43 (위에서부터) $\dfrac{9}{26}$, $\dfrac{5}{16}$

44 (위에서부터) $\dfrac{13}{27}$, $\dfrac{4}{21}$

45 (위에서부터) $\dfrac{4}{11}$, $\dfrac{2}{5}$

아무리 연산 퍼즐 진숙

1 2　2 $2\dfrac{6}{7}$　3 $3\dfrac{5}{24}$　4 $3\dfrac{3}{7}$

5 15　6 6　7 $4\dfrac{1}{4}$　8 $7\dfrac{1}{4}$

9 3　10 $7\dfrac{11}{30}$　11 $4\dfrac{1}{8}$　12 $1\dfrac{43}{56}$

13 $2\dfrac{3}{4}$　14 $11\dfrac{1}{3}$　15 $3\dfrac{25}{32}$　16 $1\dfrac{5}{7}$

17 $4\dfrac{1}{8}$　18 $3\dfrac{1}{5}$　19 4　20 $4\dfrac{1}{12}$

21 6　22 $7\dfrac{7}{22}$　23 $2\dfrac{2}{3}$　24 $6\dfrac{3}{5}$

25 $4\dfrac{2}{3}$　26 $6\dfrac{2}{3}$　27 $17\dfrac{1}{3}$　28 $23\dfrac{1}{5}$

29 $10\dfrac{1}{11}$　30 $10\dfrac{5}{8}$　31 $15\dfrac{1}{5}$　32 $5\dfrac{3}{11}$

33 $1\dfrac{9}{40}$　34 $5\dfrac{3}{7}$　35 $6\dfrac{2}{3}$　36 9

37 $2\dfrac{3}{4}$　38 $4\dfrac{3}{4}$　39 2　40 12

41 2　42 $7\dfrac{4}{5}$　43 3　44 $8\dfrac{6}{7}$

45 $5\dfrac{1}{9}$　46 $8\dfrac{1}{27}$

아무리 연산 퍼즐 규호

⑭ (대분수)×(대분수) (2)　　5주 4일차

1　$3\frac{1}{3}$　　2　2　　3　$2\frac{5}{8}$　　4　$3\frac{1}{7}$

5　$2\frac{1}{2}$　　6　$3\frac{8}{9}$　　7　$4\frac{5}{16}$　　8　12

9　$8\frac{1}{3}$　　10　$3\frac{29}{30}$　　11　17　　12　$5\frac{8}{9}$

13　$3\frac{7}{60}$　　14　$1\frac{77}{153}$　　15　$6\frac{9}{14}$　　16　$7\frac{1}{3}$

17　$1\frac{17}{18}$　　18　$3\frac{3}{50}$　　19　$3\frac{7}{15}$　　20　$3\frac{15}{28}$

21　$6\frac{3}{8}$　　22　$7\frac{3}{5}$　　23　$4\frac{6}{7}$　　24　$1\frac{1}{3}$

25　$9\frac{3}{7}$　　26　4　　27　$2\frac{1}{3}$　　28　$5\frac{7}{9}$

29　$5\frac{1}{5}$　　30　$2\frac{7}{12}$　　31　$2\frac{1}{2}$　　32　$8\frac{1}{8}$

33　$3\frac{13}{21}$　　34　$2\frac{26}{33}$　　35　12　　36　$11\frac{1}{3}$

37　$1\frac{5}{7}$　　38　$12\frac{3}{4}$　　39　$1\frac{3}{4}$　　40　$5\frac{1}{9}$

41　$8\frac{2}{5}$　　　42　$2\frac{31}{52}$, 14　　43　$3\frac{1}{3}$, 25

44　$4\frac{13}{14}$, $4\frac{6}{13}$　　45　$14\frac{2}{3}$, 10　　46　$3\frac{5}{21}$, $3\frac{17}{27}$

⑮ 세 분수의 곱셈 (1)　　5주 5일차

1　$\frac{1}{30}$　　2　$\frac{5}{28}$　　3　$\frac{1}{84}$　　4　$3\frac{3}{5}$

5　$\frac{35}{54}$　　6　7　　7　$2\frac{1}{84}$　　8　$2\frac{1}{3}$

9　$\frac{22}{39}$　　10　$19\frac{1}{4}$　　11　$\frac{5}{16}$　　12　$\frac{4}{7}$

13　$\frac{7}{12}$　　14　$\frac{7}{36}$　　15　$6\frac{3}{4}$　　16　$\frac{25}{28}$

17　$\frac{1}{24}$　　18　$40\frac{1}{2}$　　19　$3\frac{1}{6}$　　20　$\frac{9}{28}$

21　396　　22　$9\frac{3}{16}$　　23　$11\frac{1}{5}$　　24　$11\frac{16}{21}$

25　$\frac{1}{40}$　　26　$\frac{7}{10}$　　27　40　　28　$3\frac{3}{4}$

29　5　　30　34　　31　$16\frac{4}{5}$　　32　$22\frac{1}{2}$

33　$29\frac{1}{6}$　　34　$\frac{9}{16}$

마무리 연산 퍼즐

1　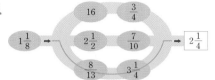

2　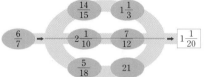

3　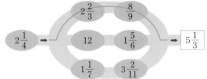

⑯ 세 분수의 곱셈 (2)　　6주 1일차

1　$\frac{1}{28}$　　2　$\frac{1}{12}$　　3　$\frac{5}{48}$　　4　$\frac{1}{42}$

5　70　　6　$4\frac{1}{2}$　　7　$29\frac{2}{5}$　　8　$\frac{55}{56}$

9　$36\frac{1}{6}$　　10　$10\frac{3}{20}$　　11　$\frac{3}{28}$　　12　$\frac{1}{30}$

13　$\frac{25}{36}$　　14　$1\frac{1}{3}$　　15　154　　16　$31\frac{1}{9}$

17　$\frac{55}{72}$　　18　21　　19　$2\frac{4}{5}$　　20　140

21　$14\frac{14}{15}$　　22　$\frac{20}{27}$　　23　$4\frac{7}{8}$　　24　76

25　$\frac{5}{9}$　　26　$\frac{1}{11}$　　27　$4\frac{29}{40}$　　28　$\frac{3}{4}$

29　$7\frac{7}{20}$　　30　$3\frac{7}{16}$　　31　$11\frac{2}{3}$　　32　$17\frac{8}{11}$

33　$27\frac{1}{2}$　　34　$3\frac{1}{2}$

1 $2\frac{1}{4}$　　**2** $3\frac{1}{3}$　　**3** $3\frac{3}{8}$　　**4** $12\frac{2}{3}$

5 60　　**6** $29\frac{1}{4}$　　**7** $13\frac{1}{3}$　　**8** 16

9 $17\frac{1}{2}$　　**10** $19\frac{5}{7}$　　**11** $8\frac{1}{4}$　　**12** 50

13 $\frac{1}{14}$　　**14** $\frac{1}{72}$　　**15** $\frac{2}{39}$　　**16** $\frac{1}{6}$

17 $\frac{2}{9}$　　**18** $\frac{7}{64}$　　**19** $4\frac{2}{3}$　　**20** $3\frac{1}{40}$

21 $4\frac{11}{27}$　　**22** $6\frac{2}{21}$　　**23** $7\frac{1}{14}$　　**24** $12\frac{5}{6}$

25 $5\frac{4}{5}$　　**26** $7\frac{1}{3}$　　**27** $4\frac{2}{3}$　　**28** $8\frac{7}{11}$

29 $6\frac{3}{5}$　　**30** $\frac{5}{24}$　　**31** $\frac{7}{24}$　　**32** $\frac{8}{21}$

33 $\frac{1}{40}$　　**34** $12\frac{1}{2}$　　**35** $\frac{16}{25}$　　**36** 8

37 $\frac{9}{44}$　　**38** $17\frac{1}{2}$　　**39** 125

40 $12\frac{1}{2}$, $25\frac{2}{3}$　　**41** 44, $28\frac{1}{2}$　　**42** $13\frac{1}{3}$, $24\frac{1}{2}$

43 $23\frac{1}{3}$, $15\frac{1}{5}$　　**44** $\frac{1}{40}$, $\frac{2}{3}$　　**45** $6\frac{7}{8}$

46 $4\frac{1}{5}$　　**47** $13\frac{1}{7}$　　**48** $\frac{9}{140}$

49 $2\frac{10}{17}$　　**50** $13\frac{1}{8}$

51 $\frac{4}{7} \times 35 = 20$, 20 L

52 $4\frac{1}{3} \times 1\frac{7}{8} = 8\frac{1}{8}$, $8\frac{1}{8}$ cm²

53 $\frac{1}{2} \times \frac{1}{3} \times \frac{4}{5} = \frac{2}{15}$, $\frac{2}{15}$

교과서 **소수의 곱셈**

① (1보다 작은 소수)×(자연수) (1)   6주 3일차

1 1.5	**2** 1.8	**3** 2.1
4 3.3	**5** 3.2	**6** 1.8
7 2	**8** 11.2	**9** 2.8
10 1.4	**11** 4	**12** 8.4
13 1.8	**14** 4.2	**15** 2.4
16 1.2	**17** 6.3	**18** 2.8
19 5.6	**20** 3.5	**21** 0.8
22 3.15	**23** 1.68	**24** 25.2
25 3.6	**26** 3.5	**27** 3.2
28 6	**29** 3.9	**30** 8.8
31 1.5	**32** 1.2	**33** 4.8
34 1.4	**35** 5.6	**36** 3.15
37 16.2	**38** 5.2	**39** 1, 3.6
40 0.9, 6.4	**41** 7.2, 2.4	**42** 2.1, 3.78
43 7.2, 0.75		

마무리 연산 퍼즐 2685

② (1보다 작은 소수)×(자연수) (2)   6주 4일차

1 1.2	**2** 4.8	**3** 2.7
4 7.2	**5** 5.4	**6** 4.9
7 2.4	**8** 16.1	**9** 2.4
10 7.2	**11** 1.2	**12** 12.6
13 2.1	**14** 0.8	**15** 3.2
16 3	**17** 16.2	**18** 17.1
19 1	**20** 1.6	**21** 4.5
22 2.76	**23** 0.96	**24** 11.2
25 2.16	**26** 5.4	**27** 1.65
28 2.24	**29** 2.66	**30** 6.4
31 9.6	**32** 11	**33** 3.72

34	4.62	35	2.65	36	5.68
37	4.8	38	4.5	39	4.4
40	1.44	41	6.44	42	0.64
43	6.3	44	1.83	45	26.1
46	8				

③ (1보다 큰 소수)×(자연수) (1)　　　6주 5일차

1	37.1	2	11.2	3	18.3
4	79.5	5	9.2	6	26.28
7	28.56	8	82.8	9	21.7
10	26.79	11	11.25	12	87.12
13	14.1	14	31.5	15	17.6
16	40.6	17	66.6	18	34.5
19	62.4	20	57.6	21	62.4
22	8.25	23	45.78	24	19.28
25	41.37	26	42.72	27	86.07
28	13.84	29	23.85	30	88.92
31	12.6	32	7.5	33	30.4
34	125.4	35	47.3	36	35.28
37	37.08	38	110.55	39	28.8
40	35.4	41	61.1	42	40.4
43	51.38				

마무리 연산 퍼즐 민아

④ (1보다 큰 소수)×(자연수) (2)　　　7주 1일차

1	8.1	2	32.4	3	41.5
4	137.2	5	63.7	6	13.2
7	22.86	8	78.26	9	10.14

10	14.88	11	11.84	12	78.54
13	5.4	14	56.4	15	11.2
16	38.5	17	55.8	18	11.1
19	128.8	20	109.5	21	253.7
22	47.36	23	66.72	24	72.63
25	13.6	26	47.5	27	8.4
28	84.6	29	302.4	30	42.91
31	109.85	32	77.07	33	47.28
34	50.16	35	52.5	36	86.4
37	46.2	38	22.5	39	243.2
40	30.08	41	182.88	42	28.2
43	70.8	44	56.7	45	106.86
46	21.36				

⑤ (자연수)×(1보다 작은 소수) (1)　　　7주 2일차

1	2.7	2	4.2	3	1.5
4	1.52	5	14.4	6	8.5
7	22.5	8	15.54	9	17.2
10	17.4	11	58.5	12	2.86
13	4.9	14	2.7	15	4.8
16	3.6	17	13.8	18	11.2
19	11.2	20	32.4	21	28.8
22	0.35	23	2.22	24	2.79
25	1.26	26	5.92	27	28.62
28	48.96	29	39.06	30	15.12
31	2.1	32	2.4	33	40.8
34	18.2	35	1.62	36	3.69
37	18.92	38	1.62		
39	(위에서부터) 5.6, 4				
40	(위에서부터) 2.94, 5.18				
41	(위에서부터) 1.92, 2.16				
42	(위에서부터) 3.77, 12.18				

마무리 연산 퍼즐 대기만성

1 2.4	**2** 1.6	**3** 4.9
4 1.28	**5** 10.5	**6** 22.8
7 9.2	**8** 19.55	**9** 37.8
10 24.9	**11** 28.8	**12** 24.19
13 6.3	**14** 4.8	**15** 0.8
16 2	**17** 15.9	**18** 9.6
19 10.8	**20** 18.2	**21** 2.22
22 4.77	**23** 4.93	**24** 16.32
25 2.1	**26** 4.5	**27** 13.5
28 24.3	**29** 0.72	**30** 1.56
31 11.22	**32** 9.92	**33** 9.6
34 1.45	**35** 4.88	**36** 4.05
37 4	**38** 1.6	**39** 49.2
40 1.38	**41** 6.88	**42** 5.4
43 10.8	**44** 2.72	**45** 12.15
46 10.58		

마무리 연산 퍼즐 김상민

1 11.6	**2** 23.1	**3** 166.72
4 42.5	**5** 73.6	**6** 17.37
7 16.32	**8** 16.8	**9** 172.96
10 13.5	**11** 14.7	**12** 37.1
13 55.2	**14** 44.8	**15** 60.2
16 84	**17** 98.4	**18** 73.6
19 10.86	**20** 38.05	**21** 9.52
22 78.96	**23** 91.65	**24** 95.34
25 177.66	**26** 91.76	**27** 44.98
28 16.2	**29** 19.5	**30** 140.4
31 227.8	**32** 21.28	**33** 56.28
34 73.22	**35** 98.56	**36** 15.6
37 106.5	**38** 28.16	**39** 257.92
40 594.22		

마무리 연산 퍼즐 (왼쪽에서부터) 9.6, 18.42, 89.6, 70.2, 59.36

1 21.5	**2** 16.2	**3** 13.06
4 35.2	**5** 54.4	**6** 79.42
7 32.5	**8** 18.15	**9** 200.46
10 34.2	**11** 19.2	**12** 14.5
13 13.5	**14** 46.5	**15** 96.6
16 64.6	**17** 97.5	**18** 71.4
19 31.02	**20** 40.15	**21** 13.68
22 22.8	**23** 23.1	**24** 173.6
25 67.2	**26** 20.52	**27** 64.35
28 277.75	**29** 132.16	**30** 32.5
31 152.1	**32** 37.08	**33** 165.4
34 24.4	**35** 22.4	**36** 75.9
37 210.25	**38** 147.68	**39** 12.5
40 147.2	**41** 31.5	**42** 222.48
43 552.37		

1 0.12	**2** 0.035	**3** 0.0018
4 0.207	**5** 0.576	**6** 0.144
7 0.39	**8** 0.098	**9** 0.415
10 0.114	**11** 0.147	**12** 0.0646
13 0.56	**14** 0.45	**15** 0.012
16 0.028	**17** 0.0027	**18** 0.0486
19 0.504	**20** 0.085	**21** 0.336
22 0.112	**23** 0.219	**24** 0.232
25 0.1189	**26** 0.4235	**27** 0.2632
28 0.4977	**29** 0.0336	**30** 0.1518
31 0.21	**32** 0.018	**33** 0.0048
34 0.185	**35** 0.372	**36** 0.0495
37 0.4176	**38** 0.0494	**39** 0.54
40 0.028	**41** 0.192	**42** 0.0901
43 0.1984		

10 (1보다 작은 소수)×(1보다 작은 소수) (2)

1 0.06	**2** 0.0035	**3** 0.036
4 0.192	**5** 0.048	**6** 0.602
7 0.312	**8** 0.567	**9** 0.104
10 0.284	**11** 0.455	**12** 0.5312
13 0.42	**14** 0.072	**15** 0.021
16 0.025	**17** 0.012	**18** 0.0012
19 0.783	**20** 0.072	**21** 0.28
22 0.207	**23** 0.1026	**24** 0.3082
25 0.16	**26** 0.045	**27** 0.114
28 0.087	**29** 0.336	**30** 0.776
31 0.0504	**32** 0.2464	**33** 0.1045
34 0.048	**35** 0.069	**36** 0.1342
37 0.54	**38** 0.006	**39** 0.125
40 0.192	**41** 0.3599	**42** 0.15, 0.06
43 0.08, 0.056	**44** 0.4, 0.364	
45 0.036, 0.018	**46** 0.27, 0.0081	

마무리 연산 퍼즐

가 8	나 4	다 2	라 1
	5		3
마 5			6
바 2	사 4		
	아 8	7	3

11 (1보다 큰 소수)×(1보다 큰 소수) (1)

1 26.22	**2** 14.25	**3** 6.741
4 3.224	**5** 21.42	**6** 13.395
7 40.194	**8** 38.688	**9** 123.246
10 4.86	**11** 43.99	**12** 9.66
13 25.22	**14** 24.75	**15** 29.76
16 22.103	**17** 11.28	**18** 528.64
19 24.776	**20** 11.232	**21** 182.28
22 30.5856	**23** 13.4692	**24** 6.723
25 55.358	**26** 147.212	**27** 1074.08

28 5.7	**29** 37.05	**30** 18.018
31 2.884	**32** 31.524	**33** 13.9531
34 42.5799	**35** 18.6162	**36** 12.88
37 69.972	**38** 6.004	**39** 86.36
40 1656.24		

마무리 연산 퍼즐 11.05 g

12 (1보다 큰 소수)×(1보다 큰 소수) (2)

1 25.11	**2** 7.36	**3** 20.0232
4 10.335	**5** 9.315	**6** 681.12
7 17.5235	**8** 63.92	**9** 58.194
10 9.36	**11** 35.84	**12** 21.25
13 30.96	**14** 32.33	**15** 35.64
16 44.478	**17** 5.192	**18** 219.41
19 558.15	**20** 83.916	**21** 39.3048
22 9.86	**23** 4.76	**24** 207.27
25 9.13	**26** 10.1422	**27** 283.598
28 601.02	**29** 24.0084	**30** 4.218
31 7.8	**32** 17.802	**33** 4.738
34 51.66	**35** 23.688	**36** 167.36
37 165.268	**38** 48.2422	**39** 14.04
40 24.91	**41** 30.856	**42** 47.5972
43 3336.32		

마무리 연산 퍼즐

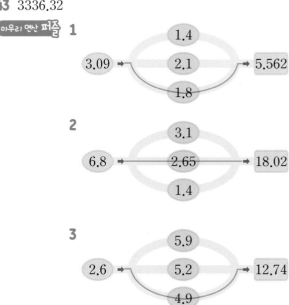

1
3.09 → 1.4 / 2.1 / 1.8 → 5.562

2
6.8 → 3.1 / 2.65 / 1.4 → 18.02

3
2.6 → 5.9 / 5.2 / 4.9 → 12.74

⓭ (1보다 큰 소수)×(1보다 큰 소수) (3)   8주 5일차

1 4.48	2 23.04
3 43.902	4 8.624
5 287.28	6 15.25
7 51.15	8 50.963
9 278.97	10 23.136
11 3349.61	12 37.0804
13 15.08	14 8.995
15 49.725	16 29.133
17 11.52	18 134.94
19 8.7857	20 26.52
21 25.65	22 10.3632
23 67.158	24 595.51
25 17.1	26 13.76
27 14.569	28 84.87
29 18.9478	30 221.544
31 1232.64	32 1326.85
33 18.3	34 13.74
35 132.139	36 13.5936
37 15.36	38 10.65
39 24.448	40 1.7182
41 177.6	42 7.92, 18.72
43 24.84, 26.015	44 20.034, 318.78
45 1250.85, 613.35	46 13.9482, 35.4105

마무리 연산 퍼즐 18

⓮ 자연수와 소수의 곱셈에서 곱의 소수점 위치의 규칙 (1)   9주 1일차

1 43.6, 436, 4360	2 65.42, 654.2, 6542
3 11.5, 115, 1150	4 27.8, 278, 2780
5 32.94, 329.4, 3294	6 46.08, 460.8, 4608
7 52.9, 529, 5290	8 84.83, 848.3, 8483
9 25.61, 256.1, 2561	10 47.02, 470.2, 4702
11 68.7, 687, 6870	12 99.4, 994, 9940

13 73.08, 730.8, 7308	14 15.9, 159, 1590
15 87.26, 872.6, 8726	16 98.14, 981.4, 9814
17 57.6, 576, 5760	18 33.69, 336.9, 3369
19 37.2, 372, 3720	20 56.82, 568.2, 5682
21 79.98, 799.8, 7998	22 20.4, 204, 2040
23 69.87, 698.7, 6987	24 95.7, 957, 9570
25 86.1, 861, 8610	26 46.42, 464.2, 4642

⓯ 자연수와 소수의 곱셈에서 곱의 소수점 위치의 규칙 (2)   9주 2일차

1 13.4, 1.34, 0.134	2 5.7, 0.57, 0.057
3 16, 1.6, 0.16, 0.016	4 0.6, 0.06, 0.006
5 37.9, 3.79, 0.379	6 15, 1.5, 0.15, 0.015
7 95.2, 9.52, 0.952	8 63.5, 6.35, 0.635
9 1.7, 0.17, 0.017	10 538, 53.8, 5.38
11 2.4, 0.24, 0.024	12 2.7, 0.27, 0.027
13 49.1, 4.91, 0.491	14 42.6, 4.26, 0.426
15 0.5, 0.05, 0.005	16 273.3, 27.33, 2.733
17 1.4, 0.14, 0.014	18 4, 0.4, 0.04
19 52.2, 5.22, 0.522	20 2.4, 0.24, 0.024
21 160, 16, 1.6	22 87.3, 8.73, 0.873
23 45, 4.5, 0.45, 0.045	24 42, 4.2, 0.42, 0.042
25 280, 28, 2.8, 0.28	26 840, 84, 8.4, 0.84

마무리 연산 퍼즐   1 947, 94.7, 0.947

2 2.54, 254, 0.254

3 38.1, 0.381, 38.1

⓰ 소수끼리의 곱셈에서 곱의 소수점 위치의 규칙   9주 3일차

1 0.36, 0.036	2 0.54, 0.054
3 4.62, 0.462	4 0.72, 0.072
5 0.65, 0.065	6 1.84, 0.184

7 27, 0.27, 0.027   **8** 168, 1.68, 0.168

9 144, 1.44, 0.144   **10** 936, 9.36, 0.936

11 225, 2.25, 0.225   **12** 816, 8.16, 0.816

13 24, 0.24, 0.0024   **14** 392, 3.92, 0.0392

15 273, 2.73, 0.0273   **16** 1925, 1.925, 0.1925

17 882, 0.882, 0.0882

18 2262, 22.62, 0.2262

19 23.66, 2.366, 0.2366, 0.2366

20 33.06, 3.306, 3.306, 0.3306

21 0.988, 0.0988

22 167.24, 16.724, 0.16724, 0.16724

23 13.695, 1.3695, 13.695, 136.95

24 4.343, 4.343

⑰ 소수의 곱셈 계산의 크기 비교   **9주** 4일차

1 >		**2** <
3 >		**4** <
5 >		**6** <
7 >		**8** <
9 <		**10** <
11 <		**12** >
13 >		**14** <
15 <		**16** >
17 >		**18** <
19 <		**20** <
21 <		**22** >
23 <		**24** >
25 <		**26** >
27 <		**28** <
29 <		**30** >
31 <		**32** >
33 <		**34** <
35 >		**36** >
37 <		**38** <
39 <		**40** >

단원 마무리 연산   **9주** 5일차

1 4.2		**2** 3.2
3 28.8		**4** 15
5 9.1		**6** 31.2
7 82.5		**8** 51.8
9 64.2		**10** 0.24
11 0.276		**12** 0.1058
13 17.48		**14** 23.04
15 3.4545		**16** 4.5
17 40.6		**18** 0.32
19 7.98		**20** 12.9
21 29.5		**22** 43.2
23 12.64		**24** 7.8
25 42.3		**26** 11.25
27 11.76		**28** 22.8
29 23.28		**30** 88
31 25.12		**32** 0.0051
33 0.424		**34** 0.0365
35 0.0105		**36** 2.55
37 3.12		**38** 15.714
39 39.48		**40** 0.427
41 32.5		**42** 17.34
43 0.496		**44** 78.28
45 5.74		**46** 0.009
47 18.88		**48** 27.84

49 17.28

50 $39 \times 1.8 = 70.2$, 70.2 kg

51 $9.2 \times 7.18 = 66.056$, 66.056 m^2

52 $1.5 \times 21 = 31.5$, 31.5시간

교과서 평균과 가능성

❶ 평균 구하기　　　　　　　　10주 1일차

1 11	**2** 24	**3** 18
4 40	**5** 20	**6** 34
7 23	**8** 8	**9** 31
10 46	**11** 30	**12** 15
13 233	**14** 81	**15** 19
16 14	**17** 124	**18** 148
19 19초	**20** 162 L	**21** 298명
22 14개	**23** 85점	**24** 59권
25 29개	**26** 139타	

❷ 평균 비교하기 (1)　　　　　　10주 2일차

1 <	**2** >	**3** <
4 <	**5** <	**6** >
7 <	**8** >	**9** <
10 <	**11** >	**12** >
13 >	**14** =	**15** <
16 >	**17** >	**18** >
19 <	**20** =	**21** >
22 <	**23** >	

❸ 평균 비교하기 (2)　　　　　　10주 3일차

1 =	**2** <	**3** >
4 >	**5** =	**6** >
7 <	**8** >	**9** <
10 >	**11** <	**12** >
13 >	**14** <	**15** =

16 >	**17** =	**18** >
19 3	**20** 2	**21** 3
22 2	**23** 4	

❹ 평균을 이용하여 자료 값 구하기　　10주 4일차

1 7	**2** 32	**3** 85
4 29	**5** 18	**6** 36
7 13	**8** 20	**9** 41
10 70	**11** 64	**12** 164
13 49	**14** 128	**15** 12
16 15	**17** 65	**18** 21
19 15	**20** 26	**21** 89
22 73	**23** 450	**24** 135
25 31	**26** 40	**27** 28
28 16		

단원 마무리 연산　　　　　　　10주 5일차

1 32	**2** 18
3 66	**4** 50
5 85	**6** 63
7 138	**8** 69
9 38	**10** 180
11 <	**12** <
13 >	**14** =
15 >	**16** 36
17 87	**18** 56
19 143	**20** 86
21 110	**22** <
23 >	**24** <
25 16	**26** 92
27 61	**28** 95
29 680	**30** 390 mL
31 선주	**32** 18회